Level Up

3-step

파워

스도쿠

국립중앙도서관 출판시도서목록(CIP)

(Level up 3–step) 파워 스도쿠 :
초급 = Power sudoku / 퍼즐아카데미 연구회 편.
— 서울 : 창, 2013   p. ; cm

ISBN 978–89–7453–208–6 13410 : \7000
두뇌 개발[頭腦開發] 숫자 퍼즐[數字—]

691.4–KDC5
795.3–DDC21   CIP2013003535

Level up 3-step 파워 스도쿠 초급

2013년 4월 20일 개정판 1쇄 인쇄
2021년 10월 25일 개정판 8쇄 발행

지은이 | 퍼즐아카데미 연구회 편
펴낸이 | 이규인
편 집 | 박선영
펴낸곳 | 도서출판 **창**
등록번호 | 제15–454호
등록일자 | 2004년 3월 25일

주소 | 서울특별시 마포구 대흥로4길 49, 1층(용강동 월명빌딩)
전화 | (02) 322–2686, 2687 / **팩시밀리** | (02) 326–3218
홈페이지 | http://www.changbook.co.kr
e–mail | changbook1@hanmail.net

ISBN 978–89–7453–208–6 13410

정가 7,000원

Level up 초급

3-step

파워

스도쿠

6 2 7 8 1 4 5 3 9

퍼즐아카데미연구회 편

창
Chang
Books

세계는 지금 스도쿠 열풍에 빠지다!

스도쿠란 무엇인가?

전 세계는 지금 스도쿠 열풍에 빠져 있다. 매일 매일 새로운 신문의 한쪽을 할애하여 스도쿠 퍼즐을 연재하고 있으며, 극심한 불황의 그늘이 드리워진 서점가에서도 선방을 하고 있는 책이 바로 스도쿠 퍼즐에 관한 책이다.

숫자퍼즐 '스도쿠'는 플레이스테이션 세대에게 종이와 연필을 사용해 즐거움을 느끼게 한 21세기의 위대한 아이디어 50선에 꼽히며, 영국의 경제주간지 〈이코노미스트〉는 스도쿠를 일컬어 '게임 규칙이 워낙 단순해서 누구나 쉽게 도전할 수 있지만, 그만큼 풀기가 만만치 않은 지능형 게임'이라 정의한 바 있다.

게임 전문지도 아닌 경제지가 하나의 게임을 두고 이렇

듯 호평을 늘어놓은 바로 이 게임 스도쿠는, 단순히 게임 마니아의 전유물이 아니라 지적 욕구를 가진 모든 사람들에게 대중적으로 어필되는 게임임을 시의 적절하게 진단한 것으로 예측할 수 있다.

나라와 인종, 그리고 나이를 초월하며 전 세계인의 인기를 한 몸에 받는 스도쿠의 매력은 수리력이나 어떠한 지식 없이 전적으로 논리적 사고에 의해 풀 수 있는 대단히 실리적인 게임이라 할 수 있다. 또한 자신의 실력에 맞는 난이도에 따라 게임을 하면서 자신도 모르는 사이에 논리력은 물론 집중력과 창의력이 동시에 발달되며, 더 나아가 정서적으로 긍정의 힘을 믿게 만드는 감성게임이라 할 수 있다.

그렇다면 스도쿠란 과연 무엇인가? 스도쿠는 18세기 스위스의 수학자 레온하르트 오일러가 만든 '마술 사각형 (Magic Square)'을 1980년대 일본의 퍼즐 회사가 본격적으로 게임화한 것을 말한다. 스도쿠는 숫자를 이용해 논리력을 테스트하기 위해 고안된 퍼즐이다. 일본어인 스도쿠는 숫자(number)를 뜻하는 스(數, su)와 혼자(single)를 뜻하는 도쿠(獨, doku)를 조합한 단어로, 쉬운 말로 풀이하면 '한 자리 수' 정도로 이해할 수 있다.

지금 시중에 나와 있는 거의 모든 스도쿠 퍼즐은 논리적으로 풀어낼 수 있는 것으로, 복잡한 수학적인 계산은 전혀

할 필요가 없다. 따라서 숫자만 생각하면 머리부터 아프다는 숫자 기피증 환자도 스도쿠만큼은 전혀 걱정하지 않아도 되는데 여기서 숫자는 스도쿠를 푸는데 필요한 단순한 수단일 뿐이기 때문이다.

스도쿠 규칙

1. 모든 가로 9칸, 세로 9칸에 1부터 9의 숫자가 겹치지 않게 하나씩 들어간다.
2. 굵은 테두리의 3×3의 블록 안에도 1부터 9의 숫자가 겹치지 않게 하나씩 들어간다.

	ⓐ	ⓑ	ⓒ	ⓓ	ⓔ	ⓕ	ⓖ	ⓗ	ⓘ
①	7	3	1	9	4	6	2	8	5
②	5	8	6						
③	9	2	4						
④	8								
⑤	1								
⑥	3								
⑦	6								
⑧	4								
⑨	2								

스도쿠 문제 푸는 기본 방법

스도쿠의 문제 푸는 기본 방법을 알면 어떤 문제도 쉽게 풀 수 있다.

❶ 숫자가 중복되지 않는 영역을 찾아라!

그림 정 중앙에 1이 있다면 가로줄, 세로줄, 3×3 박스의 표시된 영역에는 1이 들어갈 수 없다.

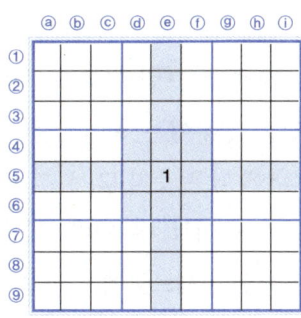

❷ 다른 블록에서 찾을 숫자의 영역을 없앤다!

오른쪽 그림과 같은 경우에, 다른 블록에 있는 1을 찾아 표시해 보면 ★에 들어갈 숫자는 1이 된다.

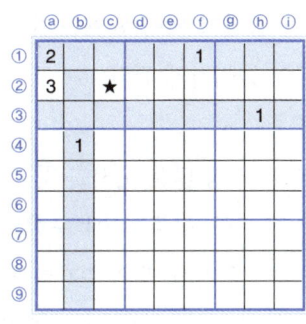

❸ 다른 블록에서 찾을 숫자의 영역을 없앤다!

오른쪽 그림의 스도쿠와 같이 가로줄의 다른 블록에 1이 있어 ②번 가로줄에는 숫자 1이 들어갈 수 없다. 따라서 ⓑ③ 칸의 ★에는 숫자 1이 들어간다.

GUIDE

❹ 가능성을 제거하라!

오른쪽 그림의 스도쿠와 같은 경우에는 ★이 있는 3×3에 남은 숫자 [2, 4, 7, 8, 9]가 들어갈 수 있다. 다른 블록인 ⓕ세로줄에 숫자 2와 9가, ④가로줄에 숫자 4와 8이 겹치게 되어 ★에는 숫자 7이 들어가게 된다.

	ⓐ	ⓑ	ⓒ	ⓓ	ⓔ	ⓕ	ⓖ	ⓗ	ⓘ
①									
②						2			
③									
④	4			1		★	8		
⑤					3				
⑥				6		5			
⑦						9			
⑧									
⑨									

❺ 가장 많은 숫자를 찾는다.

스도쿠 블록 안에 포함된 숫자 중 가장 많은 숫자를 찾아 가능한 숫자를 모두 제거한다. 가장 많은 숫자인 7의 가로줄, 세로줄, 3×3 블록을 표시하면 ⑥ ⓔ번의 자리만 빈 칸이 된다. 즉 유일하게 7을 넣을 수 있는 자리가 생기므로 보다 쉽게 정답을 찾을 수 있다.

	ⓐ	ⓑ	ⓒ	ⓓ	ⓔ	ⓕ	ⓖ	ⓗ	ⓘ
①	7	3		9			2	8	5
②	5	8		7	2	3	9	4	
③	9		4		8		7	6	3
④		5	9	2		4		7	6
⑤		6	7				4	5	
⑥	3	4		6		5	8	1	
⑦	6	7	8		9		5		4
⑧		9	5	3	6	7		2	8
⑨	2	1	3			8		9	7

6 가장 적게 남은 칸을 찾는다.

가장 적게 남은 3×3 안에 비어 있는 숫자를 넣어준다. ★에 1을 넣으면 ⓑ세로줄에 1이 있어 ①ⓒ도 1이 된다.

	ⓐ	ⓑ	ⓒ	ⓓ	ⓔ	ⓕ	ⓖ	ⓗ	ⓘ
①	7	3	★	9			2	8	5
②	5	8		7	2	3	9	4	★
③	9		4		8		7	6	3
④		5	9	2		4		7	6
⑤		6	7				4	5	
⑥	3	4		6	7	5	8	1	
⑦	6	7	8		9		5		4
⑧		9	5	3	6	7		2	8
⑨	2	1	3			8		9	7

7 가로줄, 세로줄, 3×3 블록의 같은 숫자를 확인하라!

3×3의 블록 안에 같은 숫자가 있을 경우 나머지 3×3 박스의 숫자를 찾는 것이 좀 더 쉽다. 맨 위의 가운데와 오른쪽 박스 안에 겹쳐 있는 2의 숫자 영역을 뺀 나머지인 ★에는 2가 들어가고, ☆에는 6이 들어간다.

	ⓐ	ⓑ	ⓒ	ⓓ	ⓔ	ⓕ	ⓖ	ⓗ	ⓘ
①	7	3	1	9			2	8	5
②	5	8	☆	7	2	3	9	4	1
③	9	★	4		8		7	6	3
④		5	9	2		4		7	6
⑤		6	7				4	5	
⑥	3	4		6	7	5	8	1	
⑦	6	7	8		9		5		4
⑧		9	5	3	6	7		2	8
⑨	2	1	3			8		9	7

8 이어지는 힌트를 찾아라!

7에서 새롭게 찾아진 6의 숫자가 있는 칸을 맨 위의 박스 가로줄에 별색으로 표시

	ⓐ	ⓑ	ⓒ	ⓓ	ⓔ	ⓕ	ⓖ	ⓗ	ⓘ
①	7	3	1	9		★	2	8	5
②	5	8	6	7	2	3	9	4	1
③	9	2	4		8		7	6	3
④		5	9	2		4		7	6
⑤		6	7				4	5	
⑥	3	4		6	7	5	8	1	
⑦	6	7	8		9		5		4
⑧		9	5	3	6	7		2	8
⑨	2	1	3			8		9	7

해 보면 ①의 ⓔ와 ⓕ에만 6이 들어갈 수 있다. 다시 세로줄 박스에서 숫자 6을 찾아 ⓔ를 제거하면 ★칸에 6이 들어가는 것을 알 수 있다.

	ⓐ	ⓑ	ⓒ	ⓓ	ⓔ	ⓕ	ⓖ	ⓗ	ⓘ
①	7	3	1	9	㉠	★	2	8	5
②	5	8	6	7	2	3	9	4	1
③	9	2	4	㉡	8	㉢	7	6	3
④		5	9	2		4		7	6
⑤		6	7				4	5	
⑥	3	4			6	7	5	8	1
⑦	6	7	8		9		5		4
⑧		9	5	3	6	7		2	8
⑨	2	1	3			8		9	7

❾ 가로줄, 세로줄, 3×3 블록에 적게 남은 빈 칸을 확인하라!

맨 위의 가운데 박스의 빈 칸 3개를 찾기 위해서는 채워진 숫자의 나머지 숫자인 1, 4, 5를 각 칸에 미리 대입해서 넣어보고 주변 블록이나 가로줄, 세로줄에 같은 숫자가 겹치는가를 확인하면 된다.

① ⓔ에는 ①의 가로줄에 1, 5가 있어 유일하게 숫자 4만 넣을 수 있으며, ⓕ세로줄에는 4, 5가 있어 ③ ⓕ에는 유일하게 숫자 1만 넣을 수 있다. 따라서 나머지 ③ ⓓ에는 숫자 5가 들어간다.

자, 이제 스도쿠 푸는 방법도 익혔으니 쉬운 문제부터 차근차근 풀어보도록 하자.

CONTENTS

Free Question **01**

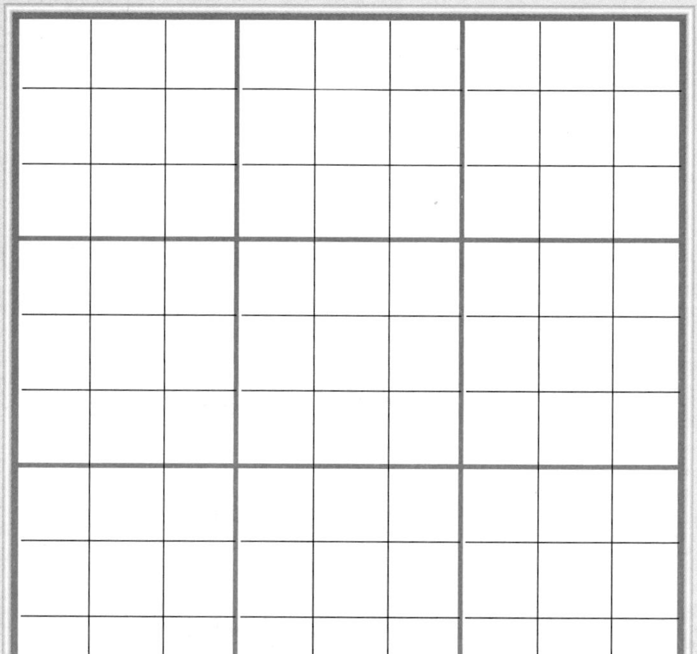

3-step
파워
스도쿠

1단계

Level **1**

POWER SUDOKU

Question 01

	3	6	1	4	
4		1			3
1		5	3	2	4
2	4	3	5		1
6			2		5
	5	2	4	1	

DATE:

TIME:

Question 02

2	4	5	1		3
	6	1		2	
	1	2	4	3	
	3	4	2	5	
	2		6	4	
4		6	3	1	2

LEVEL
1

LEVEL
2

LEVEL
3

DATE:

TIME:

Question 0**3**

5	4	2			6
		1	5		2
	5	6	4	2	3
2	3	4	6	1	
6		3	2		
4			3	6	1

1

POWER SUDOKU

DATE:

TIME:

Question 04

3		5	4	2	6
	6	4	3		5
			2	5	4
5	4	2			
4		1	6	3	
6	2	3	5		1

LEVEL
1

LEVEL
2

LEVEL
3

DATE:

TIME:

POWER SUDOKU

Question 05

3	2	6	5	1	
	4	1		2	
2		3	1	4	
	1	4	3		2
	3		4	6	
	6	5	2	3	1

DATE:

TIME:

4	3		6		1
1	5	6	2		
2	4	1	5		
		5	1	4	2
		3	4	2	6
6		4		1	5

LEVEL **1**

LEVEL **2**

LEVEL **3**

DATE:

TIME:

Question 07

2	6		3	1	4
1	4			6	5
5		1	4		
		6	1		2
6	1			4	3
3	5	4		2	1

DATE:

TIME:

POWER SUDOKU

	6	5	3		
	1		2	6	5
6	5	3	4		2
4		1	6	5	3
5	4	2		3	
		6	5	2	

LEVEL 1

LEVEL 2

LEVEL 3

DATE:

TIME:

Question 09

4		3	5	1	
1	5	2			3
3		5	2	4	
	2	4	3		1
2			6	3	5
	3	6	1		4

DATE:

TIME:

Question **10**

2	3		1	4	5
5		1			2
1		2	4	5	
	5	4	2		1
6			3		4
4	2	3		1	6

LEVEL
1

LEVEL
2

LEVEL
3

DATE:

TIME:

POWER SUDOKU

Question **11**

4		2			1
	1		3	4	
	5				3
2				1	
	2	5		6	
1			2		5

DATE:

TIME:

		5		6	
3		4	1		
	3			5	1
5	2			4	
		2	6		4
	4		5		

LEVEL
1

LEVEL
2

LEVEL
3

DATE:

TIME:

Question 13

		4	3		
	3	1		5	
1				2	3
2	4				1
	6		1	3	
		5	6		

DATE:

TIME:

	4			2	1
2		1			
			5	3	6
5	6	3			
			1		3
3	1			4	

LEVEL
1

LEVEL
2

LEVEL
3

DATE:

TIME:

POWER SUDOKU

Question 15

4			3		6
		1	4		
5	3			2	
	1			6	3
		2	6		
6		3			1

DATE:

TIME:

Question **16**

4			3	6	
2	3				
5		2	1		
		3	5		6
				4	5
	5	4			3

LEVEL **1**

LEVEL **2**

LEVEL **3**

DATE:

TIME:

Question **17**

2		3		4	
4			2	5	
		5		1	
	3		5		
	4	2			1
	6		4		5

DATE:

TIME:

	5			1	
1			2		5
	3	5	1		
		2	4	5	
3		1			6
	2			4	

LEVEL
1

LEVEL
2

LEVEL
3

DATE:

TIME:

Question **19**

		1	3	4	
3			5		
5	4				3
1				6	5
		5			2
	2	3	1		

DATE:

TIME:

Question **20**

		2	1	4	
1				5	
5			4		1
3		4			2
	3				4
	6	1	3		

LEVEL
1

LEVEL
2

LEVEL
3

DATE:

TIME:

Question 21

4	3				2
			4		6
	1	4	2		
		5	3	1	
2		1			
5				2	1

DATE:

TIME:

Question **22**

			6		4
3		6			5
	2	3		5	
	6		2	1	
6			5		1
4		5			

LEVEL
1

LEVEL
2

LEVEL
3

DATE:

TIME:

Question **23**

		5	1	2	
4	2				5
	6		4		
		4		6	
2				5	1
	5	3	2		

DATE:

TIME:

Question **24**

3		5			1
	4			2	
		2	1		6
5		6	2		
	5			6	
2			3		5

LEVEL
1

LEVEL
2

LEVEL
3

DATE:

TIME:

Question **25**

3				5	4
1	4			2	
		4	2		
		1	4		
	6			1	2
5	1				3

DATE:

TIME:

6	9	1	2		4	5	8	7
4	7	2	1		5	6	9	3
5	3		9	7	6		4	2
			7	1	3			
		3		4		7		
			6	2	8			
3	1		8	6	7		2	5
2	6	4	3		1	8	7	9
7	8	5	4		2	3	1	6

LEVEL
1

LEVEL
2

LEVEL
3

DATE:

TIME:

Question 27

2	3	8	5		7	1	6	9
	5	7				4	8	
4	9	1	8		6	3	7	5
	8	6		5		9	4	
		2	7	3	9	8		
	1	3		6		2	5	
8	6	9	1		2	5	3	4
	2	4				7	9	
1	7	5	3		4	6	2	8

DATE:

TIME:

Question **28**

3	2	9				8	1	4
1	5	8	4		9	6	7	2
	6	7	1		8	9	3	
5	1	3				7	9	6
			7	9	5			
9	7	2				4	5	8
	3	6	9		1	5	4	
8	4	1	5		3	2	6	9
7	9	5				1	8	3

LEVEL
1

LEVEL
2

LEVEL
3

DATE:

TIME:

Question **29**

4	6		3	2	1	7	9	5
2	1		7	4	5	8	3	6
7	3		9	8		4		1
9			8					7
		7	5	6	3	9		
1					9			3
3		4		9	8		5	2
6	8	1	2	5	7		4	9
5	9	2	1	3	4		7	8

DATE:

TIME:

5		7				2		9
3	1	2	9		4	8	6	7
6	9	4	7		8	5	3	1
1		3				7		4
7	2		5	4	9		8	3
8		9				6		2
9	7	5	3		1	4	2	6
2	6	1	4		5	3	7	8
4		8				9		5

LEVEL
1

LEVEL
2

LEVEL
3

DATE:

TIME:

Question **31**

7	6		5	8	1	9	3	2
5	1	9	4	2	3		8	7
	8					1	5	4
4	2			5	7		9	1
9				6				8
8	5		3	9			7	6
6	9	5					1	
1	7		9	3	6	8	4	5
3	4	8	7	1	5		6	9

DATE:

TIME:

Question **32**

5	1	2		7		4	8	6
8	6	7				9	2	3
3	4						1	5
2	9	4	8		7	3	6	1
	7	5		9		2	4	
6	3	8	4		1	5	9	7
9	2						7	4
4	8	6				1	5	2
7	5	1		4		8	3	9

LEVEL
1

LEVEL
2

LEVEL
3

DATE:

TIME:

Question 33

7	2		1	8	5	6	9	4
9	1	4	7		3	5	2	8
6	8	5			2		1	7
4	6					2	7	
		7		5		9		
	5	1					6	3
3	4		2			1	5	9
1	7	2	5		9	8	3	6
5	9	8	3	1	6		4	2

DATE:

TIME:

4	7	8	9	5	6	1		3
2		3	8	4				
1	5	6	7	2	3	4	8	
		1	4	8	9	5		
3		5		1		8		2
		9	5	3	2	7		
	3	2	1	6	8	9	7	4
				7	5	3		8
8		7	3	9	4	2	6	5

LEVEL
1

LEVEL
2

LEVEL
3

DATE:

TIME:

POWER SUDOKU

Question 35

9		8	4		7	1		5
1	4	6				3	8	7
7	2	5		1		9	4	6
8	7	1	3		9	5	6	2
				8				
3	9	2	7		6	8	1	4
2	6	3		7		4	5	1
5	1	7				2	9	8
4		9	5		1	6		3

DATE:

TIME:

POWER SUDOKU

1

6	3	4				2	8	5
9		7	4	5	8	1		3
8	1	5	6		2	9	4	7
1		6		2		3		8
			5	8	9			
2		9		1		7		4
4	7	8	9		3	5	1	2
3		1	2	4	5	8		6
5	6	2				4	3	9

LEVEL 1
LEVEL 2
LEVEL 3

DATE:

TIME:

Question **37**

6	8	4				9	1	5
2	1	3	6		5	7	4	8
9	5		8	4	1		6	2
4	7			6			2	9
			1	5	2			
5	2			7			3	1
7	9		5	3	6		8	4
3	6	8	9		4	2	5	7
1	4	5				6	9	3

DATE:

TIME:

8	3	6	9		1	4	2	5
4	5	1		3		7	9	6
	2	7				1	3	
	7	4	2		3	8	6	
3			7	4	8			2
	1	8	5		9	3	4	
	8	3				2	7	
7	4	2		8		9	5	1
1	9	5	4		7	6	8	3

LEVEL
1

LEVEL
2

LEVEL
3

DATE:

TIME:

Question **39**

3	7		2	9	6	5	8	1
2	6	9					7	3
8	1	5	4	7		6	9	2
	2		8	3	1		5	
4				6				7
	5		7	2	4		6	
6	4	8		1	2	7	3	9
5	9					1	4	6
1	3	7	6	4	9		2	5

DATE:

TIME:

Question **40**

	2	6				8	1	
3	7	5		2		4	6	9
1	9	8	4		7	2	3	5
6	4	3				7	8	2
8	1			7			9	6
7	5	9				3	4	1
2	8	7	6		1	9	5	4
5	3	1		4		6	2	8
	6	4				1	7	

LEVEL **1**

LEVEL **2**

LEVEL **3**

DATE:

TIME:

Question 41

9	3	2				4	5	1
5		6				3		8
8	7	4	3		5	9	6	2
4	8	5		2		7	9	6
	6	9		7		2	1	
1	2	7		5		8	3	4
2	9	1	6		4	5	8	7
7		8				6		3
6	5	3				1	4	9

DATE:

TIME:

Question **42**

1	6	4	7		8	3	2	9
5		2		3		4		8
7	8	3	2		4	1	6	5
	3	7	9		5	8	1	
				1				
	1	8	4		7	6	5	
4	2	9	3		6	5	8	1
8		1		4		2		6
3	5	6	1		2	9	4	7

LEVEL
1

LEVEL
2

LEVEL
3

DATE:

TIME:

POWER
SUDOKU

Question **43**

3	8	2	5		1	9	4	7
9	4	5	3		7	1	6	8
6	7						2	3
2		6	7	4	9	8		1
				1				
7		4	8	3	5	6		2
4	6						1	9
8	2	9	1		6	4	3	5
1	5	7	4		3	2	8	6

DATE:

TIME:

5	2	4		7	1		6	
8		6						7
7	3	9	6	8		1	5	4
1	4	2	3	6		7	8	9
6	5			9			1	3
9	8	3		2	7	5	4	6
3	7	5		4	8	6	9	1
4						8		2
	6		7	1		4	3	5

DATE:

TIME:

Question **45**

2		5	7	4		8		3
	3	8	5	2	9	1	6	4
9		6	8	1	3	5	7	2
5		4	9					
	2	3		8		7	1	
					7	6		5
3	6	2	1	5	4	9		7
1	8	7	3	9	2	4	5	
4		9		7	8	2		1

DATE:

TIME:

Question **46**

	1	9	2	8	6		7	
3	5	2	7	1	9	8	4	
7	6	8	4		5	2	1	9
			5	9	4		6	1
				6				
9	7		1	2	8			
6	3	7	9		1	4	2	8
	2	1	8	4	3	6	9	7
	9		6	7	2	1	5	

LEVEL
1

LEVEL
2

LEVEL
3

DATE:

TIME:

POWER SUDOKU

Question 47

		7	5	1	2	6		
		5	9	8	4	1		
1	9	4	3		7	8	2	5
3	7	1	8		6	9	4	2
2				9				3
9	5	8	2		3	7	1	6
5	1	3	6		9	4	7	8
		9	4	3	8	2		
		2	1	7	5	3		

DATE:

TIME:

POWER SUDOKU

1

Question **48**

5	9	1	4	3	7	8	6	2
3	7						4	9
4	6	8	1		9	5	7	3
9	3			4			5	8
			7	9	8			
8	2			5			9	1
6	1	4	9		2	3	8	5
2	5						1	7
7	8	9	3	1	5	6	2	4

LEVEL
1

LEVEL
2

LEVEL
3

DATE:

TIME:

Question 49

	7	3	8	2	5	1	4	6
8	4	6	3		1			
2	5	1	6	7	4	8	3	
3			7	6		9		4
			1	4	8			
4		7		3	9			8
	8	4	2	5	3	6	9	1
		9			6	4	7	2
6	9	2	4	1	7	5	8	

DATE:

TIME:

Question **50**

6	4	1				5	8	9
5		8				3		7
2	3	7		9		6	1	4
9	6	4	7		2	8	5	1
	1	3		5		7	6	
7	2	5	1		6	4	9	3
1	5	9		7		2	4	8
3		2				1		6
4	7	6				9	3	5

LEVEL
1

LEVEL
2

LEVEL
3

DATE:

TIME:

POWER
SUDOKU

Free Question 0**2**

3-step
파워
스도쿠

2단계

Level 2

POWER SUDOKU

POWER SUDOKU

Question **51**

	8	7	4	6	5		
	6	8		2	7		
		5	9	3			
5	4		9		8		2	1
6	8						5	7
2	1		4		7		8	9
		1	8	5			
	5	6		4	1		
	4	2	7	9	8		

DATE:

TIME:

Question **52**

			4	6			2	
1			8	5	2			
			9	7	1			
	6	1		8		5	9	7
5	3	4	7		9	2	8	6
7	8	9		2		3	4	
			1	4	5			
			6	3	7			9
	7			9	8			

LEVEL
1

LEVEL
2

LEVEL
3

DATE:

TIME:

Question 53

9			7	3	1	4	8	5	6
6							1		
5	1	4					7		2
7			5			9			3
8									4
4			8			6			1
3		8					4	9	5
		6							7
2	5	9	4	3	7	6		8	

DATE:

TIME:

Question **54**

4	5						6	3
			4	3	2			
1				5				9
5	3	2	6		7	9	8	4
7	6						2	5
8	4	1	5		9	7	3	6
3				4				8
			7	9	3			
2	9						4	7

LEVEL
1

LEVEL
2

LEVEL
3

DATE:

TIME:

069

Question 55

	7			5				
				6			8	
8		3		4	9		2	6
4	2	5	3	8	7		6	9
	8		5		2		3	
1	3		6	9	4	2	5	8
9	5		4	2		3		1
	4			3				
				7			4	

DATE:

TIME:

		6	3		9			
	7		1		6		3	
			5	8				1
6	1		8	2	5	9	4	7
		8	4		3	2		
4	2	5	6	9	7		8	3
8				6	1			
	4		9		8		6	
			7		4	5		

LEVEL 1

LEVEL 2

LEVEL 3

DATE:

TIME:

Question **57**

	6		2			4	1	
9	2	5		7	4	3	8	6
3	4						5	
	9			4				5
	7		9		2		6	
5				8			4	
	3						2	7
7	5	6	4	2		8	9	1
	8	9			6		3	

DATE:

TIME:

Question **58**

		1	8					
			2		6	5		
	5		9	7	1			6
	3	7	5	8	9	1	6	4
		6	4		3	8		
4	1	8	7	6	2	9	3	
7			6	5	4		9	
		4	3		7			
					8	3		

LEVEL
1

LEVEL
2

LEVEL
3

DATE:

TIME:

POWER
SUDOKU

Question **59**

		9				2		
1		3				5		8
		4	1	3	5	7		
8	2	7	9		3	6	5	4
			8		7			
9	3	5	4		2	8	7	1
		8	7	4	6	1		
4		6				3		9
		2				4		

DATE:

TIME:

			3	1	5			
		1	7	9	6			
				4	8		7	
6	4	8		7			3	2
1	7	9	6		3	8	4	5
3	5			8		9	6	7
	6		8	5				
			1	6	4	3		
			9	3	7			

DATE:

TIME:

Question 61

			5			6	2	
2	6	5	3	8	7	1	9	
9	1						5	
	2			5			4	3
	3		9		6		7	
8	7			1			6	
	5						3	6
	9	7	1	6	4	2	8	5
	8	6			5			

DATE:

TIME:

		8	7	3	6	2		
			8	5	1			
6	5	3	9		4	8	1	7
1				8				5
			1		7			
9				4				3
7	9	4	2		3	5	6	8
			4	9	5			
		2	6	7	8	4		

LEVEL 1

LEVEL 2

LEVEL 3

DATE:

TIME:

Question **63**

2	5	8	6	3	7		9	4
7		9						3
		4				5	8	7
9				7				2
5			8		2			1
3				5				6
4	6	5				7		
8						3		5
1	7		9	2	5	6	4	8

DATE:

TIME:

Question **64**

	1		4		9	2		
		9	8		3			1
7					1		8	
9	2	4	6	5	8		7	3
			3		4			
3	6		2	9	7	8	5	4
	3		7					9
5			1		6	3		
		2	9		5		6	

LEVEL
1

LEVEL
2

LEVEL
3

DATE:

TIME:

Question **65**

	7	1	8	9	6			2
3			7	2	4	6		
		9	3		5			
1			5				6	3
	8		4		3		1	
5	2				9			4
			6		7	5		
		5	2	4	8			7
7			9	5	1	8	4	

DATE:

TIME:

Question **66**

			4	7	8			
		4	9	1	6			
				5	3		9	
2	7	8		9			6	1
1	3	6	8		7	9	5	2
4	5			6		7	3	8
	9		7	2				
			5	8	4	1		
			6	3	9			

LEVEL
1

LEVEL
2

LEVEL
3

DATE:

TIME:

Question 67

	6		2					
			4		5			3
		1	9	8	3	7		
	1	2	8	9	4	6	7	5
		4	7		6	8		
6	8	7	5	3	2	1	9	
		5	1	4	9	3		
7			6		8			
					7		2	

DATE:

TIME:

		3	9	1	5			
			3	6	4			
				7	8			9
8	1	2	7		9		5	6
6	4	5				9	8	7
7	3		8		6	2	4	1
9			4	8				
			6	9	2			
			5	3	7	1		

LEVEL 1

LEVEL 2

LEVEL 3

DATE:

TIME:

083

Question **69**

			4	3	2			
		4	6		1			
			5	9			1	
7	2	5	3	6	4		9	8
4		3	8		5	6		7
6	1		2	9	7	5	3	4
	7		9	4				
			5		6	8		
			1	7	8			

DATE:

TIME:

9	3	4	7			8	5	6
8	7	1				4	2	3
6	5						7	9
				6				7
			2		7			
5				1				
7	8						4	2
4	9	5				7	1	8
1	2	6			8	9	3	5

LEVEL
1

LEVEL
2

LEVEL
3

DATE:

TIME:

Question 71

4			9	5	1			8
			6		7			
5	1	6	8		2	9	3	7
3			1		5			6
	5						8	
6			3		8			4
8	4	9	7		3	6	1	5
			4		9			
7			5	8	6			2

DATE:

TIME:

Question **72**

	8		3	9	6		5	
	2	4				8	9	
	9						7	
8	3	2	6		7	5	4	9
			8		5			
5	7	6	2		9	1	8	3
	6						1	
	5	1				2	3	
	4		1	7	8		6	

LEVEL
1

LEVEL
2

LEVEL
3

DATE:

TIME:

POWER SUDOKU

Question **73**

			3		9		2	8
	8			5	6		1	
			4	8	7			
	6	8	5	7	4			
4	9	3	6		8	1	5	7
			1	9	3	6	8	
			8	4	2			
	2		9	6			3	
8	1		7		5			

DATE:

TIME:

Question **74**

		7		5			4	8
						7	9	
1		4	6			2		
4	2	3	9	6		8	5	7
9		8				3		6
7	1	6		8	3	4	2	9
		9			7	5		3
	3	5						
8	7			4		9		

DATE:

TIME:

Question 75

				9		7	5	
	8	1		2		6		
	5			1	7			
	9	3	7	8	2	5	6	4
2			6		9			7
8	6	7	5	4	1	3	9	
			9	6			7	
		9		7		1	8	
	7	2		5				

DATE:

TIME:

Question **76**

		2	9	6	5			
			8	3	7			
			4	2				7
6	3			4		5	7	9
1	4	5	6		9	2	3	8
2	7	9		5			4	6
5				9	6			
			7	8	3			
			5	1	4	8		

LEVEL
1

LEVEL
2

LEVEL
3

DATE:

TIME:

Question **77**

				7	3			
			9	6	8	7		
	3		5	4	2			
4	8	2		5			1	9
1	5	6	8		9	2	4	7
	9	7		1		8	5	6
			3	9	5		2	
		3	4	8	6			
			7	2				

DATE:

TIME:

		5	3		1		2	
1			4					
			9	8	2			6
9		1	6	3	7	2	4	8
		2	5		8	7		
8	6	7	2	4	9	5		3
2			7	6	3			
					4			2
	7		8		5	9		

LEVEL 1
LEVEL 2
LEVEL 3

DATE:

TIME:

Question **79**

9		5	3	2	4	7	8	6
4			8					
6					5			4
5		8		1			4	3
1			4		9			7
3	4			7		6		2
7			9					8
					1			5
8	5	6	2	4	3	1		9

DATE:

TIME:

Question **80**

	7		5		6		4	
		6	9	3	2	1		
				8				
5	6	7	1		8	4	3	9
8		9				6		7
2	4	3	7		9	8	1	5
				9				
		1	8	4	5	3		
	8		6		3		5	

LEVEL
1

LEVEL
2

LEVEL
3

DATE:

TIME:

Question 81

						5	1	
6		7		5		8		
8	4	5	6	1	2	3	7	
		6	3		4	7		
	5	9				4	3	
		4	7		5	1		
	7	1	4	8	9	6	5	3
		8		3		9		7
	9	3						

DATE:

TIME:

Question **82**

	2		5	7	9		6	
9			6	4	8			3
	7		3		2		4	
		8	7	5	4	9		
6								7
		7	8	9	6	4		
	9		4		7		8	
7			2	8	1			5
	8		9	6	5		2	

LEVEL
1

LEVEL
2

LEVEL
3

DATE:

TIME:

Question **83**

5	4	3				7	9	6
8	6	2					5	4
7		9			6	3	8	2
		1		6				
			4		8			
				9		6		
1	2	8	9			4		3
4	9					8	2	5
3	5	6				9	1	7

DATE:

TIME:

		8	6	3	5	2		
5			9	4	2			6
		2	7		8	9		
	9		5		4		3	
	7	4				5	6	
	5		8		9		2	
		3	4		7	6		
6			2	5	1			7
		5	3	9	6	8		

LEVEL
1

LEVEL
2

LEVEL
3

DATE:

TIME:

Question 85

8	6		9	5	7	4	2	3
7			6	8	2		1	
			4	3				6
			1				6	
6	1						3	4
	7			9				
2			8	6				
	5		7	2	9			1
1	9	6	5	3	4		8	2

DATE:

TIME:

5	6	8	2	9	3		4	7
4	7		8				9	3
								8
3				6			5	2
6			7		5			1
9	8			3				4
8								
7	4				1		8	6
2	9		6	4	8	3	7	5

DATE:

TIME:

Question **87**

	6			8	4			
			6	9	7			1
			5	3	1			
2	4	8		7		3	9	
6	7	3	8		9	1	4	2
	9	5		2		8	7	6
			3	1	5			
5			7	6	8			
			9	4			8	

DATE:

TIME:

		3	5	8	9			
	5		6	4				
1	8	6	2	3	7	5	4	
		1	3	6				7
3								5
8				1	4	2		
	7	9	4	5	8	1	3	6
				2	6		9	
			9	7	3	8		

LEVEL
1

LEVEL
2

LEVEL
3

DATE:

TIME:

POWER SUDOKU

Question 89

				4	6	3		
			2	3	5			
2			7	8	9			
7	3	5		1		6	8	
8	9	4	6		7	5	3	1
	2	6		5		4	9	7
			5	9	2			8
			4	7	1			
		7	8	6				

DATE:

TIME:

Question **90**

			7	6	9			
4	6	9	5		8	7	2	3
		1	3	4	2	6		
			8		6			
	3	7				5	6	
			1		7			
		6	9	7	3	2		
1	9	4	6		5	3	8	7
			4	8	1			

LEVEL 1

LEVEL 2

LEVEL 3

DATE:

TIME:

105

Question **91**

			5	2				9
	2		9	4	8		6	7
4			3	7	6			
		6	8	3	5			4
5			2		7			3
3			4	6	9	1		
			7	9	3			8
2	9		6	5	4		7	
7				8	2			

6	5				9		3	
				4		7		
	9			2			4	6
8	4	7	6	3		5	9	2
	2	5				3	6	
9	6	3		5	8	4	1	7
3	8			6			7	
		6		7				
	7		9				8	3

LEVEL
1

LEVEL
2

LEVEL
3

DATE:

TIME:

Question **93**

	4		5		3			
			1	7				8
		7	6		2	1		
3		6	7	2	8	9	4	1
	1		9		5		7	
7	8	9	4	6	1	5		2
		3	8		6	4		
2				4	7			
			2		9		1	

DATE:

TIME:

Question **94**

	6	9	7				4	
8	3	2		4	6	9	7	5
	7						3	1
	8			6				7
	4		8		7		5	
7				3			9	
6	5						1	
3	9	7	6	1		5	8	4
	1				8	3	6	

LEVEL
1

LEVEL
2

LEVEL
3

DATE:

TIME:

109

Question **95**

2	8	9	3	6	7		4	5
1			5	9	4			8
	7			1	8		3	
				2		5		
			1		9			
		7		8				
	6		9	3			1	
8			7	5	1			6
9	2		8	4	6	3	5	7

DATE:

TIME:

	5		1		9			
			4	7	3			1
			6	5	8			
4	8	3		9		5	7	6
	9	6	5		7	1	8	
7	1	5		8		9	2	4
			8	6	5			
9			7	1	4			
			9		2		6	

LEVEL
1

LEVEL
2

LEVEL
3

DATE:

TIME:

POWER SUDOKU

	9			7			4	
	3	1		5		2	8	
				9				
5	2	7	8		4	9	6	3
	4	6	7		9	8	5	
3	8	9	6		5	1	7	4
				4				
	5	2		6		7	3	
	7			8			9	

DATE:

TIME:

Question **98**

5	8					2	7	9
6	4	7	2	5	9		8	3
2						6		
	2			9			4	
	9		5		7		1	
	5			8			2	
	6							2
4	3		9	7	1	6	5	8
8	7	5					9	1

LEVEL
1

LEVEL
2

LEVEL
3

DATE:

TIME:

POWER SUDOKU

Question 99

9		3	8	6	5	1	4	7
4	1						5	
7				1				6
6				5				3
2		7	1		8	6		5
8				9				1
5				8				4
	4						6	8
3	6	8	4	7	1	5		9

DATE:

TIME:

Question **100**

2		5	6					4
		8		1				2
6	9						7	5
9	8	3		5			4	6
1	7	6				2	5	3
4	5			6		7	9	8
3	1						8	7
8				7		5		
5					1	6		9

LEVEL
1

LEVEL
2

LEVEL
3

DATE:

TIME:

POWER
SUDOKU

Free Question 0**3**

3-step 파워 스도쿠

3단계

Level 3

POWER SUDOKU

Question **101**

				2		6	7	4
				6		1	5	9
	4		1	5				8
	2			4				
	9		2		3		8	
				9		7		
5				8	1		6	
8	6	4		7				
1	2	7		3				

DATE:

TIME:

Question **102**

		5	6	9		8	2	
				8		3		4
			1	3	5	7		
				6		9	1	
	6						3	
	9	4		5				
		2	5	4	8			
1		6		7				
	4	3		1	6	2		

LEVEL
1

LEVEL
2

LEVEL
3

DATE:

TIME:

Question **103**

5			2	4	9			
	4			1	3			
		6		8	5		3	
		3		6				8
1		5				9		7
2				5		6		
	9		5	7		2		
			3	2			6	
			8	9	4			5

DATE:

TIME:

Question **104**

				5	4			
	1		8			4	2	
							9	8
3				4	6			7
8	2	1	5		7	3	6	4
6			3	8				9
5	9							
	4	2			9		5	
			2	3				

DATE:

TIME:

Question 105

		1		2			8	9
				3	5			
			4	1		2		
9			6	8		7		5
	7		5		2		1	
8		5		4	7			6
		2		5	1			
			9	6				
6	5			7		9		

DATE:

TIME:

Question **106**

				2	7	5		
		6		8	4			
8				6			4	
1	4			7				
7	9	5	2		6	3	8	1
				3			7	5
	3			1				4
			4	5		6		
		8	7	9				

LEVEL
1

LEVEL
2

LEVEL
3

DATE:

TIME:

123

Question 107

	9	4	1		7			
		5		9				4
							6	7
4			8	7	3			5
	8		2		9		4	
1			4	6	5			9
3	5							
7				2		8		
			3		8	4	7	

DATE:

TIME:

	6		7	4		2		
		1		9	3			
				5	6		7	3
			8	3				
7	8	9				6	3	1
				6	7			
1	9		4	7				
			3	1		4		
		4		8	5		9	

LEVEL 1

LEVEL 2

LEVEL 3

DATE:

TIME:

Question 109

			4	9				
			7	8	6	4		
	2			5				
	8			2			1	5
4	5	7	3		8	6	2	9
2	6			7			8	
				6			9	
		9	8	4	5			
				3	7			

DATE:

TIME:

Question **110**

	5		1	8	3	9		
			7		9			
		6	5					1
	2		3	5	7			
	6		4		8		9	
			6	9	1		7	
7					4	1		
			8		5			
		5	9	7	6		2	

LEVEL
1

LEVEL
2

LEVEL
3

DATE:

TIME:

127

Question 111

				6	2	4		
		1						
6				5	7		1	
2		6	7	4	5			
4		3	8		6	5		9
			2	9	3	7		4
	8		9	2				7
						8		
		9	5	3				

DATE:

TIME:

Question **112**

				5	8		3	
		1	6	7		2		4
				4			5	
8			2	1	7			5
	3						9	
6			4	9	3			8
	4			2				
5		7		3	6	8		
	6		7	8				

LEVEL 1

LEVEL 2

LEVEL 3

DATE:

TIME:

129

Question 113

			7	9				
		7			4			
		1	8			2	9	
	3		5	4	2	9		1
7			3		6			4
1		2	9	8	7		6	
	8	5			9	4		
			1			6		
				5	8			

DATE:

TIME:

3

Question **114**

	8			6				
				9		2		1
	1	2		5		6		
			8	7	4			
1	7	6	5		3	4	8	9
			6	1	9			
		5		4		7	3	
9		7		3				
				8			2	

LEVEL
1

LEVEL
2

LEVEL
3

DATE:

TIME:

131

POWER
SUDOKU

Question **115**

		5	1	6			2	7
			8	5				
				2		6		3
				8	2		7	9
7		3					2		8
2	5		9	4				
1		2		7				
				9	1			
8	7			3	5	1		

DATE:

TIME:

Question **116**

2		3		8			4	1
6					5			
			1					6
	4		7	6	3	9		
5			4		8			7
		6	2	5	9		1	
9					6			
			9					4
7	5			3		6		2

LEVEL
1

LEVEL
2

LEVEL
3

DATE:

TIME:

Question 117

				6				4
	1		9	5		8		2
			3	8			1	
	5			7	3	4	6	
			6		9			
	6	2	8	4			3	
	7		4	2				
9		6		8	1		2	
3				9				

DATE:

TIME:

	8	5		1	4			
				8	2			1
				3				7
5	3			6				
8	9	4	3		1	2	7	6
				7			5	9
7				9				
3			5	2				
			1	4		8	2	

LEVEL
1

LEVEL
2

LEVEL
3

DATE:

TIME:

135

POWER SUDOKU

Question **119**

			7	9			4	
7		3		6				
					4		2	
		5	3	4	8			7
8	9		6		5		3	4
1			9	2	7	5		
	8		2					
				3		4		2
	1			5	9			

DATE:

TIME:

Question **120**

5								9
	1	2		8		5	4	
	3				1		6	
		4	9	7	6			
	2		8		3		9	
			5	4	2	6		
	6		4				8	
	9	5		3		2	1	
2								6

LEVEL
1

LEVEL
2

LEVEL
3

DATE:

TIME:

Question 121

			8	6	2			
	2			5	3			9
	4	6		7		5		
		2		9		1		
	9		6		8		5	
		1		3		4		
		5		4		8	3	
6			9	2			4	
			3	8	1			

DATE:

TIME:

			1	5	2	7	4	
7				6				
6		4	3	9				
		9		2		4		
	7		8		9		2	
		6		3		1		
				7	6	3		1
				4				9
	1	7	5	8	3			

LEVEL 1

LEVEL 2

LEVEL 3

DATE:

TIME:

POWER
SUDOKU

Question 123

	2		6	7	5			
				8		5		3
	8							
1			5	6	9			2
5	6		8		7		3	9
8			2	4	3			1
							9	
3		8		9				
			1	5	2		6	

DATE:

TIME:

140 • 3-step 파워 스도쿠 – 3단계

Question **124**

		4	7	9		1		
				5		4		
5	9							6
			6	4	8			1
7	6		3		9		8	4
1			5	7	2			
8							4	5
		9		8				
		7		6	3	2		

LEVEL
1

LEVEL
2

LEVEL
3

DATE:

TIME:

141

Question **125**

				1	3	9		
		7	2		4			
3	5		9					
7			5			9		
6	4	9	8		2	1	5	7
	1		7				3	
			8			1	6	
	3		6	5				
	6	9	4					

DATE:

TIME:

5	7		1	4				8
9				8		7		
1	3			9			5	
3				7				9
	5						3	
2				5				6
	1			2			7	4
		4		3				5
8				6	4		1	3

LEVEL 1

LEVEL 2

LEVEL 3

DATE:

TIME:

143

POWER SUDOKU

Question 127

5	6			7			9	4
1				6				7
		4	3					
				2		3		
2	7	4	6		3	9	8	5
	6			8				
				5	8			
3				9				1
6	8			4			5	9

DATE:

TIME:

Question **128**

				6			3	
2		1	5					
				4	2		6	
		6	4	2	7		1	
7		8	9		5	3		6
	2		8	3	6	7		
	3		6	5				
					9	8		2
	7			8				

LEVEL
1

LEVEL
2

LEVEL
3

DATE:

TIME:

POWER
SUDOKU

Question **129**

		9	3			2		1
4	1					5		
			6				8	3
	4				8			
5		1				7		4
			2				3	
2	5			1				
		7					6	8
6		4			3	1		

DATE:

TIME:

						8		
		8			1			6
1		3		6			7	
3		9	4			5		
5			3		7			2
		2			5	7		4
	1			9		4		8
4			1			9		
		6						

DATE:

TIME:

Question **131**

5				7				6
	7				5		3	
			1	4				
	4			9		3		
2		9	3		8	6		7
		7		2			8	
				1	9			
	8		5				1	
4				8				9

DATE:

TIME:

2	7	1			4	9		
				9			2	
				6		1	5	
			7				3	
3		2				5		7
	6				9			
	1	6		2				
	4			7				
		8	3			4	7	5

LEVEL
1

LEVEL
2

LEVEL
3

DATE:

TIME:

149

Question **133**

		8		3				
7					9			6
	5	4		1		9		
	9			2	1		8	
			7		6			
	3		5	4			7	
		6		8		1	4	
5			1					7
				7		3		

DATE:

TIME:

3

			6	9			3	
6				8		5		
	7	8				9		
				5				3
9	2		8		1		7	4
4				6				
		9				7	6	
		3		4				2
	8			7	5			

LEVEL
1

LEVEL
2

LEVEL
3

DATE:

TIME:

Question **135**

			5	4			7	2
								3
	1			3	9			
3		9			6	2	8	
			4		5			
	7	8	3			1		6
			2	7			9	
2								
1	6			5	3			

DATE:

TIME:

Question **136**

6			7					1
	9	3		5			2	
				4			7	
				6				2
	5	4	9		1	7	6	
1				7				
	8			3				
	6			8		3	9	
4					2			7

LEVEL
1

LEVEL
2

LEVEL
3

DATE:

TIME:

153

Question **137**

	7			9		2		
				1				5
9		4	2			8		
				8		5		
6	5		3		1		8	7
		3		5				
		6			8	1		3
8				6				
		9		2			6	

DATE:

TIME:

	5		9	4				3
	4	2		3				
9		7						
		3	8				4	6
			6		5			
5	7				4	8		
						7		4
			5			1	2	
8				1	6		5	

LEVEL
1

LEVEL
2

LEVEL
3

DATE:

TIME:

Question **139**

5	3							
8			4		6			
		6		9				7
4		5			2			6
		1	9		3	8		
2			6			9		5
6				4		5		
			8		7			1
							7	3

DATE:

TIME:

Question **140**

9	2			3				
	3		7		4			
	6			1			7	8
	8	4	1					
			2		9			
					5	7	4	
5	4			9			3	
			5		8		9	
				7			6	2

LEVEL
1

LEVEL
2

LEVEL
3

DATE:

TIME:

Question **141**

			3	9		5	7	
2				7				
7					8			
		2		4				1
3	8		1		7		6	9
6				8		3		
			9					7
				2				4
	9	1		3	4			

DATE:

TIME:

Question **142**

4			5				7	9
7				8				
		2		7		8		
				3				2
	1	8	9		4	3	5	
9				5				
		3		4		9		
				2				1
8	6				1			5

LEVEL
1

LEVEL
2

LEVEL
3

DATE:

TIME:

Question 143

8	4			9		3	1	
2				3	1			
			8			5	2	
					2	7		
7								6
		3	5					
	5	8			4			
			3	6				5
	6	1		5			4	8

DATE:

TIME:

Question **144**

3	8				1			6
			7	2				5
			3					
7				1			5	
	5	3	8		9	4	2	
	9			6				8
				4				
1				9	6			
2			5				9	3

LEVEL
1

LEVEL
2

LEVEL
3

DATE:

TIME:

Question **145**

		1			8	7		
		5					4	6
				6			9	
5				7	9	8		
	2	7				5	1	
		9	2	8				3
	9			3				
3	1					9		
		2	6			3		

DATE:

TIME:

		5	6				9	
6				5	8			
			3					4
	8		7					9
	1	3	4		5	8	2	
5				2			7	
8				6				
			9	4				7
	4				7	6		

LEVEL
1

LEVEL
2

LEVEL
3

DATE:

TIME:

Question **147**

	7				8			
3		5	2	7	6			
2						9		
7		2			5			
	1	6				4	2	
			8			7		6
		9						8
			9	4	2	3		1
			3				4	

DATE:

TIME:

4			5	4				6
			5	4				
	9			7	8	5	3	
		5	9			3		2
	1						7	
3		6			1	4		
	3	9	6	8			5	
				3	2			
1								3

LEVEL
1

LEVEL
2

LEVEL
3

DATE:

TIME:

Question 149

		9	2	5		3		
		3						
2		4						5
1	9			7	8			
	7	6				1	5	
			5	6			4	7
8						4		2
						6		
		2		8	9	5		

DATE:

TIME:

	6		8	5				
				6	7			3
		9				4		
	8			1				2
2	3		7		6		1	8
9				4			6	
		8				6		
7			9	3				
				8	4		2	

LEVEL
1

LEVEL
2

LEVEL
3

DATE:

TIME:

POWER ANSWER

Answer 01

5	3	6	1	4	2
4	2	1	6	5	3
1	6	5	3	2	4
2	4	3	5	6	1
6	1	4	2	3	5
3	5	2	4	1	6

Answer 02

2	4	5	1	6	3
3	6	1	5	2	4
5	1	2	4	3	6
6	3	4	2	5	1
1	2	3	6	4	5
4	5	6	3	1	2

Answer 03

5	4	2	1	3	6
3	6	1	5	4	2
1	5	6	4	2	3
2	3	4	6	1	5
6	1	3	2	5	4
4	2	5	3	6	1

Answer 04

3	1	5	4	2	6
2	6	4	3	1	5
1	3	6	2	5	4
5	4	2	1	6	3
4	5	1	6	3	2
6	2	3	5	4	1

Answer 05

3	2	6	5	1	4
5	4	1	6	2	3
2	5	3	1	4	6
6	1	4	3	5	2
1	3	2	4	6	5
4	6	5	2	3	1

Answer 06

4	3	2	6	5	1
1	5	6	2	3	4
2	4	1	5	6	3
3	6	5	1	4	2
5	1	3	4	2	6
6	2	4	3	1	5

Answer 07

2	6	5	3	1	4
1	4	3	2	6	5
5	2	1	4	3	6
4	3	6	1	5	2
6	1	2	5	4	3
3	5	4	6	2	1

Answer 08

2	6	5	3	4	1
3	1	4	2	6	5
6	5	3	4	1	2
4	2	1	6	5	3
5	4	2	1	3	6
1	3	6	5	2	4

Answer 09

4	6	3	5	1	2
1	5	2	4	6	3
3	1	5	2	4	6
6	2	4	3	5	1
2	4	1	6	3	5
5	3	6	1	2	4

Answer 10

2	3	6	1	4	5
5	4	1	6	3	2
1	6	2	4	5	3
3	5	4	2	6	1
6	1	5	3	2	4
4	2	3	5	1	6

Answer 11

4	3	2	6	5	1
5	1	6	3	4	2
6	5	1	4	2	3
2	4	3	5	1	6
3	2	5	1	6	4
1	6	4	2	3	5

Answer 12

2	1	5	4	6	3
3	6	4	1	2	5
4	3	6	2	5	1
5	2	1	3	4	6
1	5	2	6	3	4
6	4	3	5	1	2

POWER ANSWER

Answer **13**

5	2	4	3	1	6
6	3	1	2	5	4
1	5	6	4	2	3
2	4	3	5	6	1
4	6	2	1	3	5
3	1	5	6	4	2

Answer **14**

6	4	5	3	2	1
2	3	1	6	5	4
1	2	4	5	3	6
5	6	3	4	1	2
4	5	2	1	6	3
3	1	6	2	4	5

Answer **15**

4	2	5	3	1	6
3	6	1	4	5	2
5	3	6	1	2	4
2	1	4	5	6	3
1	4	2	6	3	5
6	5	3	2	4	1

Answer **16**

4	1	5	3	6	2
2	3	6	4	5	1
5	6	2	1	3	4
1	4	3	5	2	6
3	2	1	6	4	5
6	5	4	2	1	3

Answer **17**

2	5	3	1	4	6
4	1	6	2	5	3
6	2	5	3	1	4
1	3	4	5	6	2
5	4	2	6	3	1
3	6	1	4	2	5

Answer **18**

2	5	3	6	1	4
1	6	4	2	3	5
4	3	5	1	6	2
6	1	2	4	5	3
3	4	1	5	2	6
5	2	6	3	4	1

A

POWER SUDOKU

Answer **19**

2	5	1	3	4	6
3	6	4	5	2	1
5	4	6	2	1	3
1	3	2	4	6	5
4	1	5	6	3	2
6	2	3	1	5	4

Answer **20**

6	5	2	1	4	3
1	4	3	2	5	6
5	2	6	4	3	1
3	1	4	5	6	2
2	3	5	6	1	4
4	6	1	3	2	5

Answer **21**

4	3	6	1	5	2
1	5	2	4	3	6
3	1	4	2	6	5
6	2	5	3	1	4
2	6	1	5	4	3
5	4	3	6	2	1

Answer **22**

2	5	1	6	3	4
3	4	6	1	2	5
1	2	3	4	5	6
5	6	4	2	1	3
6	3	2	5	4	1
4	1	5	3	6	2

Answer **23**

6	3	5	1	2	4
4	2	1	6	3	5
5	6	2	4	1	3
3	1	4	5	6	2
2	4	6	3	5	1
1	5	3	2	4	6

Answer **24**

3	2	5	6	4	1
6	4	1	5	2	3
4	3	2	1	5	6
5	1	6	2	3	4
1	5	3	4	6	2
2	6	4	3	1	5

ANSWER

POWER ANSWER

Answer 25

3	2	6	1	5	4
1	4	5	3	2	6
6	5	4	2	3	1
2	3	1	4	6	5
4	6	3	5	1	2
5	1	2	6	4	3

Answer 26

6	9	1	2	3	4	5	8	7
4	7	2	1	8	5	6	9	3
5	3	8	9	7	6	1	4	2
9	4	6	7	1	3	2	5	8
8	2	3	5	4	9	7	6	1
1	5	7	6	2	8	9	3	4
3	1	9	8	6	7	4	2	5
2	6	4	3	5	1	8	7	9
7	8	5	4	9	2	3	1	6

Answer 27

2	3	8	5	4	7	1	6	9
6	5	7	9	1	3	4	8	2
4	9	1	8	2	6	3	7	5
7	8	6	2	5	1	9	4	3
5	4	2	7	3	9	8	1	6
9	1	3	4	6	8	2	5	7
8	6	9	1	7	2	5	3	4
3	2	4	6	8	5	7	9	1
1	7	5	3	9	4	6	2	8

Answer 28

3	2	9	6	5	7	8	1	4
1	5	8	4	3	9	6	7	2
4	6	7	1	2	8	9	3	5
5	1	3	8	4	2	7	9	6
6	8	4	7	9	5	3	2	1
9	7	2	3	1	6	4	5	8
2	3	6	9	8	1	5	4	7
8	4	1	5	7	3	2	6	9
7	9	5	2	6	4	1	8	3

Answer 29

4	6	8	3	2	1	7	9	5
2	1	9	7	4	5	8	3	6
7	3	5	9	8	6	4	2	1
9	4	3	8	1	2	5	6	7
8	2	7	5	6	3	9	1	4
1	5	6	4	7	9	2	8	3
3	7	4	6	9	8	1	5	2
6	8	1	2	5	7	3	4	9
5	9	2	1	3	4	6	7	8

Answer 30

5	8	7	6	1	3	2	4	9
3	1	2	9	5	4	8	6	7
6	9	4	7	2	8	5	3	1
1	5	3	8	6	2	7	9	4
7	2	6	5	4	9	1	8	3
8	4	9	1	3	7	6	5	2
9	7	5	3	8	1	4	2	6
2	6	1	4	9	5	3	7	8
4	3	8	2	7	6	9	1	5

A

POWER SUDOKU

Answer 31

7	6	4	5	8	1	9	3	2
5	1	9	4	2	3	6	8	7
2	8	3	6	7	9	1	5	4
4	2	6	8	5	7	3	9	1
9	3	7	1	6	4	5	2	8
8	5	1	3	9	2	4	7	6
6	9	5	2	4	8	7	1	3
1	7	2	9	3	6	8	4	5
3	4	8	7	1	5	2	6	9

Answer 32

5	1	2	9	7	3	4	8	6
8	6	7	5	1	4	9	2	3
3	4	9	2	6	8	7	1	5
2	9	4	8	5	7	3	6	1
1	7	5	3	9	6	2	4	8
6	3	8	4	2	1	5	9	7
9	2	3	1	8	5	6	7	4
4	8	6	7	3	9	1	5	2
7	5	1	6	4	2	8	3	9

Answer 33

7	2	3	1	8	5	6	9	4
9	1	4	7	6	3	5	2	8
6	8	5	4	9	2	3	1	7
4	6	9	8	3	1	2	7	5
2	3	7	6	5	4	9	8	1
8	5	1	9	2	7	4	6	3
3	4	6	2	7	8	1	5	9
1	7	2	5	4	9	8	3	6
5	9	8	3	1	6	7	4	2

Answer 34

4	7	8	9	5	6	1	2	3
2	9	3	8	4	1	6	5	7
1	5	6	7	2	3	4	8	9
7	2	1	4	8	9	5	3	6
3	4	5	6	1	7	8	9	2
6	8	9	5	3	2	7	4	1
5	3	2	1	6	8	9	7	4
9	6	4	2	7	5	3	1	8
8	1	7	3	9	4	2	6	5

Answer 35

9	3	8	4	6	7	1	2	5
1	4	6	2	9	5	3	8	7
7	2	5	8	1	3	9	4	6
8	7	1	3	4	9	5	6	2
6	5	4	1	8	2	7	3	9
3	9	2	7	5	6	8	1	4
2	6	3	9	7	8	4	5	1
5	1	7	6	3	4	2	9	8
4	8	9	5	2	1	6	7	3

Answer 36

6	3	4	1	9	7	2	8	5
9	2	7	4	5	8	1	6	3
8	1	5	6	3	2	9	4	7
1	5	6	7	2	4	3	9	8
7	4	3	5	8	9	6	2	1
2	8	9	3	1	6	7	5	4
4	7	8	9	6	3	5	1	2
3	9	1	2	4	5	8	7	6
5	6	2	8	7	1	4	3	9

A
N
S
W
E
R

Answer **37**

6	8	4	7	2	3	9	1	5
2	1	3	6	9	5	7	4	8
9	5	7	8	4	1	3	6	2
4	7	1	3	6	8	5	2	9
8	3	9	1	5	2	4	7	6
5	2	6	4	7	9	8	3	1
7	9	2	5	3	6	1	8	4
3	6	8	9	1	4	2	5	7
1	4	5	2	8	7	6	9	3

Answer **38**

8	3	6	9	7	1	4	2	5
4	5	1	8	3	2	7	9	6
9	2	7	6	5	4	1	3	8
5	7	4	2	1	3	8	6	9
3	6	9	7	4	8	5	1	2
2	1	8	5	6	9	3	4	7
6	8	3	1	9	5	2	7	4
7	4	2	3	8	6	9	5	1
1	9	5	4	2	7	6	8	3

Answer **39**

3	7	4	2	9	6	5	8	1
2	6	9	1	5	8	4	7	3
8	1	5	4	7	3	6	9	2
7	2	6	8	3	1	9	5	4
4	8	3	9	6	5	2	1	7
9	5	1	7	2	4	3	6	8
6	4	8	5	1	2	7	3	9
5	9	2	3	8	7	1	4	6
1	3	7	6	4	9	8	2	5

Answer **40**

4	2	6	5	9	3	8	1	7
3	7	5	1	2	8	4	6	9
1	9	8	4	6	7	2	3	5
6	4	3	9	1	5	7	8	2
8	1	2	3	7	4	5	9	6
7	5	9	2	8	6	3	4	1
2	8	7	6	3	1	9	5	4
5	3	1	7	4	9	6	2	8
9	6	4	8	5	2	1	7	3

Answer **41**

9	3	2	8	6	7	4	5	1
5	1	6	2	4	9	3	7	8
8	7	4	3	1	5	9	6	2
4	8	5	1	2	3	7	9	6
3	6	9	4	7	8	2	1	5
1	2	7	9	5	6	8	3	4
2	9	1	6	3	4	5	8	7
7	4	8	5	9	1	6	2	3
6	5	3	7	8	2	1	4	9

Answer **42**

1	6	4	7	5	8	3	2	9
5	9	2	6	3	1	4	7	8
7	8	3	2	9	4	1	6	5
2	3	7	9	6	5	8	1	4
6	4	5	8	1	3	7	9	2
9	1	8	4	2	7	6	5	3
4	2	9	3	7	6	5	8	1
8	7	1	5	4	9	2	3	6
3	5	6	1	8	2	9	4	7

Answer 43

3	8	2	5	6	1	9	4	7
9	4	5	3	2	7	1	6	8
6	7	1	9	8	4	5	2	3
2	3	6	7	4	9	8	5	1
5	9	8	6	1	2	3	7	4
7	1	4	8	3	5	6	9	2
4	6	3	2	5	8	7	1	9
8	2	9	1	7	6	4	3	5
1	5	7	4	9	3	2	8	6

Answer 44

5	2	4	9	7	1	3	6	8
8	1	6	4	5	3	9	2	7
7	3	9	6	8	2	1	5	4
1	4	2	3	6	5	7	8	9
6	5	7	8	9	4	2	1	3
9	8	3	1	2	7	5	4	6
3	7	5	2	4	8	6	9	1
4	9	1	5	3	6	8	7	2
2	6	8	7	1	9	4	3	5

Answer 45

2	1	5	7	4	6	8	9	3
7	3	8	5	2	9	1	6	4
9	4	6	8	1	3	5	7	2
5	7	4	9	6	1	3	2	8
6	2	3	4	8	5	7	1	9
8	9	1	2	3	7	6	4	5
3	6	2	1	5	4	9	8	7
1	8	7	3	9	2	4	5	6
4	5	9	6	7	8	2	3	1

Answer 46

4	1	9	2	8	6	3	7	5
3	5	2	7	1	9	8	4	6
7	6	8	4	3	5	2	1	9
2	8	3	5	9	4	7	6	1
1	4	5	3	6	7	9	8	2
9	7	6	1	2	8	5	3	4
6	3	7	9	5	1	4	2	8
5	2	1	8	4	3	6	9	7
8	9	4	6	7	2	1	5	3

Answer 47

8	3	7	5	1	2	6	9	4
6	2	5	9	8	4	1	3	7
1	9	4	3	6	7	8	2	5
3	7	1	8	5	6	9	4	2
2	4	6	7	9	1	5	8	3
9	5	8	2	4	3	7	1	6
5	1	3	6	2	9	4	7	8
7	6	9	4	3	8	2	5	1
4	8	2	1	7	5	3	6	9

Answer 48

5	9	1	4	3	7	8	6	2
3	7	2	5	8	6	1	4	9
4	6	8	1	2	9	5	7	3
9	3	6	2	4	1	7	5	8
1	4	5	7	9	8	2	3	6
8	2	7	6	5	3	4	9	1
6	1	4	9	7	2	3	8	5
2	5	3	8	6	4	9	1	7
7	8	9	3	1	5	6	2	4

ANSWER

POWER
ANSWER

Answer **49**

9	7	3	8	2	5	1	4	6
8	4	6	3	9	1	7	2	5
2	5	1	6	7	4	8	3	9
3	1	8	7	6	2	9	5	4
5	2	9	1	4	8	3	6	7
4	6	7	5	3	9	2	1	8
7	8	4	2	5	3	6	9	1
1	3	5	9	8	6	4	7	2
6	9	2	4	1	7	5	8	3

Answer **50**

6	4	1	3	2	7	5	8	9
5	9	8	4	6	1	3	2	7
2	3	7	8	9	5	6	1	4
9	6	4	7	3	2	8	5	1
8	1	3	9	5	4	7	6	2
7	2	5	1	8	6	4	9	3
1	5	9	6	7	3	2	4	8
3	8	2	5	4	9	1	7	6
4	7	6	2	1	8	9	3	5

Answer **51**

9	2	8	7	4	6	5	1	3
3	5	6	8	1	2	7	9	4
4	7	1	5	9	3	2	6	8
5	4	7	9	6	8	3	2	1
6	8	9	3	2	1	4	5	7
2	1	3	4	5	7	6	8	9
7	3	2	1	8	5	9	4	6
8	9	5	6	3	4	1	7	2
1	6	4	2	7	9	8	3	5

Answer **52**

9	5	7	4	6	3	1	2	8
1	4	6	8	5	2	9	7	3
8	2	3	9	7	1	4	6	5
2	6	1	3	8	4	5	9	7
5	3	4	7	1	9	2	8	6
7	8	9	5	2	6	3	4	1
6	9	8	1	4	5	7	3	2
4	1	2	6	3	7	8	5	9
3	7	5	2	9	8	6	1	4

Answer **53**

9	2	7	3	1	4	8	5	6
6	8	3	7	5	2	1	4	9
5	1	4	6	9	8	7	3	2
7	6	1	5	4	9	2	8	3
8	9	2	1	7	3	5	6	4
4	3	5	8	2	6	9	7	1
3	7	8	2	6	1	4	9	5
1	4	6	9	8	5	3	2	7
2	5	9	4	3	7	6	1	8

Answer **54**

4	5	8	9	7	1	2	6	3
9	7	6	4	3	2	8	5	1
1	2	3	8	5	6	4	7	9
5	3	2	6	1	7	9	8	4
7	6	9	3	8	4	1	2	5
8	4	1	5	2	9	7	3	6
3	1	7	2	4	5	6	9	8
6	8	4	7	9	3	5	1	2
2	9	5	1	6	8	3	4	7

A

POWER SUDOKU

Answer 55

2	7	6	8	5	3	9	1	4
5	9	4	2	6	1	7	8	3
8	1	3	7	4	9	5	2	6
4	2	5	3	8	7	1	6	9
6	8	9	5	1	2	4	3	7
1	3	7	6	9	4	2	5	8
9	5	8	4	2	6	3	7	1
7	4	2	1	3	8	6	9	5
3	6	1	9	7	5	8	4	2

Answer 56

1	8	6	3	7	9	4	2	5
5	7	2	1	4	6	8	3	9
9	3	4	5	8	2	6	7	1
6	1	3	8	2	5	9	4	7
7	9	8	4	1	3	2	5	6
4	2	5	6	9	7	1	8	3
8	5	7	2	6	1	3	9	4
3	4	1	9	5	8	7	6	2
2	6	9	7	3	4	5	1	8

Answer 57

8	6	7	2	3	5	4	1	9
9	2	5	1	7	4	3	8	6
3	4	1	8	6	9	7	5	2
6	9	8	3	4	1	2	7	5
4	7	3	9	5	2	1	6	8
5	1	2	6	8	7	9	4	3
1	3	4	5	9	8	6	2	7
7	5	6	4	2	3	8	9	1
2	8	9	7	1	6	5	3	4

Answer 58

6	4	1	8	3	5	7	2	9
8	7	9	2	4	6	5	1	3
3	5	2	9	7	1	4	8	6
2	3	7	5	8	9	1	6	4
5	9	6	4	1	3	8	7	2
4	1	8	7	6	2	9	3	5
7	8	3	6	5	4	2	9	1
1	2	4	3	9	7	6	5	8
9	6	5	1	2	8	3	4	7

Answer 59

7	5	9	6	8	4	2	1	3
1	6	3	2	7	9	5	4	8
2	8	4	1	3	5	7	9	6
8	2	7	9	1	3	6	5	4
6	4	1	8	5	7	9	3	2
9	3	5	4	6	2	8	7	1
3	9	8	7	4	6	1	2	5
4	7	6	5	2	1	3	8	9
5	1	2	3	9	8	4	6	7

Answer 60

7	8	4	3	1	5	2	9	6
5	2	1	7	9	6	4	8	3
9	3	6	2	4	8	5	7	1
6	4	8	5	7	9	1	3	2
1	7	9	6	2	3	8	4	5
3	5	2	4	8	1	9	6	7
4	6	3	8	5	2	7	1	9
2	9	7	1	6	4	3	5	8
8	1	5	9	3	7	6	2	4

A
N
S
W
E
R

177

POWER
ANSWER

Answer **61**

7	4	3	5	9	1	6	2	8
2	6	5	3	8	7	1	9	4
9	1	8	6	4	2	3	5	7
6	2	1	7	5	8	9	4	3
5	3	4	9	2	6	8	7	1
8	7	9	4	1	3	5	6	2
1	5	2	8	7	9	4	3	6
3	9	7	1	6	4	2	8	5
4	8	6	2	3	5	7	1	9

Answer **62**

4	1	8	7	3	6	2	5	9
2	7	9	8	5	1	3	4	6
6	5	3	9	2	4	8	1	7
1	4	7	3	8	9	6	2	5
3	2	5	1	6	7	9	8	4
9	8	6	5	4	2	1	7	3
7	9	4	2	1	3	5	6	8
8	6	1	4	9	5	7	3	2
5	3	2	6	7	8	4	9	1

Answer **63**

2	5	8	6	3	7	1	9	4
7	1	9	5	8	4	2	6	3
6	3	4	2	9	1	5	8	7
9	8	6	1	7	3	4	5	2
5	4	7	8	6	2	9	3	1
3	2	1	4	5	9	8	7	6
4	6	5	3	1	8	7	2	9
8	9	2	7	4	6	3	1	5
1	7	3	9	2	5	6	4	8

Answer **64**

6	1	8	4	7	9	2	3	5
2	5	9	8	6	3	7	4	1
7	4	3	5	2	1	9	8	6
9	2	4	6	5	8	1	7	3
8	7	5	3	1	4	6	9	2
3	6	1	2	9	7	8	5	4
4	3	6	7	8	2	5	1	9
5	9	7	1	4	6	3	2	8
1	8	2	9	3	5	4	6	7

Answer **65**

4	7	1	8	9	6	3	5	2
3	5	8	7	2	4	6	9	1
2	6	9	3	1	5	4	7	8
1	4	7	5	8	2	9	6	3
9	8	6	4	7	3	2	1	5
5	2	3	1	6	9	7	8	4
8	1	4	6	3	7	5	2	9
6	9	5	2	4	8	1	3	7
7	3	2	9	5	1	8	4	6

Answer **66**

9	2	3	4	7	8	5	1	6
5	8	4	9	1	6	3	2	7
6	1	7	2	5	3	8	9	4
2	7	8	3	9	5	4	6	1
1	3	6	8	4	7	9	5	2
4	5	9	1	6	2	7	3	8
8	9	5	7	2	1	6	4	3
3	6	2	5	8	4	1	7	9
7	4	1	6	3	9	2	8	5

A

POWER SUDOKU

Answer 67

4	6	3	2	7	1	5	8	9
9	7	8	4	6	5	2	1	3
2	5	1	9	8	3	7	4	6
3	1	2	8	9	4	6	7	5
5	9	4	7	1	6	8	3	2
6	8	7	5	3	2	1	9	4
8	2	5	1	4	9	3	6	7
7	3	9	6	2	8	4	5	1
1	4	6	3	5	7	9	2	8

Answer 68

2	7	3	9	1	5	8	6	4
5	9	8	3	6	4	7	1	2
1	6	4	2	7	8	5	3	9
8	1	2	7	4	9	3	5	6
6	4	5	1	2	3	9	8	7
7	3	9	8	5	6	2	4	1
9	5	7	4	8	1	6	2	3
3	8	1	6	9	2	4	7	5
4	2	6	5	3	7	1	9	8

Answer 69

1	5	7	4	3	2	9	8	6
9	3	4	6	8	1	7	5	2
2	8	6	7	5	9	4	1	3
7	2	5	3	6	4	1	9	8
4	9	3	8	1	5	6	2	7
6	1	8	2	9	7	5	3	4
8	7	1	9	4	3	2	6	5
3	4	9	5	2	6	8	7	1
5	6	2	1	7	8	3	4	9

Answer 70

9	3	4	7	2	1	8	5	6
8	7	1	9	5	6	4	2	3
6	5	2	8	4	3	1	7	9
2	1	8	5	6	4	3	9	7
3	4	9	2	8	7	5	6	1
5	6	7	3	1	9	2	8	4
7	8	3	1	9	5	6	4	2
4	9	5	6	3	2	7	1	8
1	2	6	4	7	8	9	3	5

Answer 71

4	7	3	9	5	1	2	6	8
9	2	8	6	3	7	5	4	1
5	1	6	8	4	2	9	3	7
3	8	4	1	9	5	7	2	6
1	5	7	2	6	4	3	8	9
6	9	2	3	7	8	1	5	4
8	4	9	7	2	3	6	1	5
2	6	5	4	1	9	8	7	3
7	3	1	5	8	6	4	9	2

Answer 72

1	8	7	3	9	6	4	5	2
3	2	4	7	5	1	8	9	6
6	9	5	4	8	2	3	7	1
8	3	2	6	1	7	5	4	9
4	1	9	8	3	5	6	2	7
5	7	6	2	4	9	1	8	3
9	6	8	5	2	3	7	1	4
7	5	1	9	6	4	2	3	8
2	4	3	1	7	8	9	6	5

POWER
ANSWER

Answer **73**

6	4	5	3	1	9	7	2	8
9	8	7	2	5	6	4	1	3
2	3	1	4	8	7	5	6	9
1	6	8	5	7	4	3	9	2
4	9	3	6	2	8	1	5	7
5	7	2	1	9	3	6	8	4
3	5	6	8	4	2	9	7	1
7	2	4	9	6	1	8	3	5
8	1	9	7	3	5	2	4	6

Answer **74**

3	9	7	1	5	2	6	4	8
5	6	2	4	3	8	7	9	1
1	8	4	6	7	9	2	3	5
4	2	3	9	6	1	8	5	7
9	5	8	7	2	4	3	1	6
7	1	6	5	8	3	4	2	9
6	4	9	2	1	7	5	8	3
2	3	5	8	9	6	1	7	4
8	7	1	3	4	5	9	6	2

Answer **75**

3	2	4	8	9	6	7	5	1
7	8	1	4	2	5	6	3	9
9	5	6	3	1	7	4	2	8
1	9	3	7	8	2	5	6	4
2	4	5	6	3	9	8	1	7
8	6	7	5	4	1	3	9	2
4	1	8	9	6	3	2	7	5
5	3	9	2	7	4	1	8	6
6	7	2	1	5	8	9	4	3

Answer **76**

7	1	2	9	6	5	3	8	4
4	5	6	8	3	7	9	2	1
8	9	3	4	2	1	6	5	7
6	3	8	1	4	2	5	7	9
1	4	5	6	7	9	2	3	8
2	7	9	3	5	8	1	4	6
5	8	4	2	9	6	7	1	3
9	2	1	7	8	3	4	6	5
3	6	7	5	1	4	8	9	2

Answer **77**

9	6	4	1	7	3	5	8	2
2	1	5	9	6	8	7	3	4
7	3	8	5	4	2	6	1	9
4	8	2	6	5	7	1	9	3
1	5	6	8	3	9	2	4	7
3	9	7	2	1	4	8	5	6
6	7	1	3	9	5	4	2	8
5	2	3	4	8	6	9	7	1
8	4	9	7	2	1	3	6	5

Answer **78**

6	9	5	3	7	1	8	2	4
1	2	8	4	5	6	3	9	7
7	3	4	9	8	2	1	5	6
9	5	1	6	3	7	2	4	8
3	4	2	5	1	8	7	6	9
8	6	7	2	4	9	5	1	3
2	1	9	7	6	3	4	8	5
5	8	3	1	9	4	6	7	2
4	7	6	8	2	5	9	3	1

A

POWER SUDOKU

180 • 3-step 파워 스도쿠 – 정답

Answer 79

9	1	5	3	2	4	7	8	6
4	2	3	8	6	7	5	9	1
6	8	7	1	9	5	2	3	4
5	7	8	6	1	2	9	4	3
1	6	2	4	3	9	8	5	7
3	4	9	5	7	8	6	1	2
7	3	1	9	5	6	4	2	8
2	9	4	7	8	1	3	6	5
8	5	6	2	4	3	1	7	9

Answer 80

3	7	8	5	1	6	9	4	2
4	5	6	9	3	2	1	7	8
1	9	2	4	8	7	5	6	3
5	6	7	1	2	8	4	3	9
8	1	9	3	5	4	6	2	7
2	4	3	7	6	9	8	1	5
6	3	5	2	9	1	7	8	4
7	2	1	8	4	5	3	9	6
9	8	4	6	7	3	2	5	1

Answer 81

9	3	2	8	4	7	5	1	6
6	1	7	9	5	3	8	2	4
8	4	5	6	1	2	3	7	9
1	8	6	3	2	4	7	9	5
7	5	9	1	6	8	4	3	2
3	2	4	7	9	5	1	6	8
2	7	1	4	8	9	6	5	3
5	6	8	2	3	1	9	4	7
4	9	3	5	7	6	2	8	1

Answer 82

4	2	3	5	7	9	1	6	8
9	1	5	6	4	8	2	7	3
8	7	6	3	1	2	5	4	9
2	3	8	7	5	4	9	1	6
6	4	9	1	2	3	8	5	7
1	5	7	8	9	6	4	3	2
5	9	2	4	3	7	6	8	1
7	6	4	2	8	1	3	9	5
3	8	1	9	6	5	7	2	4

Answer 83

5	4	3	1	8	2	7	9	6
8	6	2	3	7	9	1	5	4
7	1	9	5	4	6	3	8	2
9	7	1	2	6	3	5	4	8
6	3	5	4	1	8	2	7	9
2	8	4	7	9	5	6	3	1
1	2	8	9	5	7	4	6	3
4	9	7	6	3	1	8	2	5
3	5	6	8	2	4	9	1	7

Answer 84

9	1	8	6	3	5	2	7	4
5	3	7	9	4	2	1	8	6
4	6	2	7	1	8	9	5	3
2	9	1	5	6	4	7	3	8
8	7	4	1	2	3	5	6	9
3	5	6	8	7	9	4	2	1
1	2	3	4	8	7	6	9	5
6	8	9	2	5	1	3	4	7
7	4	5	3	9	6	8	1	2

A
N
S
W
E
R

POWER
ANSWER

A

POWER SUDOKU

Answer **85**

8	6	1	9	5	7	4	2	3
7	3	4	6	8	2	5	1	9
5	2	9	1	4	3	8	7	6
9	8	3	4	1	5	2	6	7
6	1	5	2	7	8	9	3	4
4	7	2	3	9	6	1	5	8
2	4	7	8	6	1	3	9	5
3	5	8	7	2	9	6	4	1
1	9	6	5	3	4	7	8	2

Answer **86**

5	6	8	2	9	3	1	4	7
4	7	2	8	1	6	5	9	3
1	3	9	5	7	4	6	2	8
3	1	7	4	6	9	8	5	2
6	2	4	7	8	5	9	3	1
9	8	5	1	3	2	7	6	4
8	5	6	3	2	7	4	1	9
7	4	3	9	5	1	2	8	6
2	9	1	6	4	8	3	7	5

Answer **87**

3	6	1	2	8	4	7	5	9
8	5	4	6	9	7	2	3	1
9	2	7	5	3	1	4	6	8
2	4	8	1	7	6	3	9	5
6	7	3	8	5	9	1	4	2
1	9	5	4	2	3	8	7	6
4	8	9	3	1	5	6	2	7
5	3	2	7	6	8	9	1	4
7	1	6	9	4	2	5	8	3

Answer **88**

7	4	3	5	8	9	6	2	1
9	5	2	6	4	1	3	7	8
1	8	6	2	3	7	5	4	9
4	2	1	3	6	5	9	8	7
3	6	7	8	9	2	4	1	5
8	9	5	7	1	4	2	6	3
2	7	9	4	5	8	1	3	6
5	3	8	1	2	6	7	9	4
6	1	4	9	7	3	8	5	2

Answer **89**

5	7	8	1	4	6	3	2	9
4	1	9	2	3	5	8	7	6
2	6	3	7	8	9	1	4	5
7	3	5	9	1	4	6	8	2
8	9	4	6	2	7	5	3	1
1	2	6	3	5	8	4	9	7
3	4	1	5	9	2	7	6	8
6	8	2	4	7	1	9	5	3
9	5	7	8	6	3	2	1	4

Answer **90**

3	2	8	7	6	9	1	4	5
4	6	9	5	1	8	7	2	3
7	5	1	3	4	2	6	9	8
9	1	5	8	3	6	4	7	2
8	3	7	2	9	4	5	6	1
6	4	2	1	5	7	8	3	9
5	8	6	9	7	3	2	1	4
1	9	4	6	2	5	3	8	7
2	7	3	4	8	1	9	5	6

Answer 91

8	6	7	5	2	1	4	3	9
1	2	3	9	4	8	5	6	7
4	5	9	3	7	6	8	1	2
9	1	6	8	3	5	7	2	4
5	8	4	2	1	7	6	9	3
3	7	2	4	6	9	1	8	5
6	4	1	7	9	3	2	5	8
2	9	8	6	5	4	3	7	1
7	3	5	1	8	2	9	4	6

Answer 92

6	5	4	7	8	9	2	3	1
2	3	8	1	4	6	7	5	9
7	9	1	3	2	5	8	4	6
8	4	7	6	3	1	5	9	2
1	2	5	4	9	7	3	6	8
9	6	3	2	5	8	4	1	7
3	8	9	5	6	2	1	7	4
4	1	6	8	7	3	9	2	5
5	7	2	9	1	4	6	8	3

Answer 93

1	4	8	5	9	3	2	6	7
6	2	5	1	7	4	3	9	8
9	3	7	6	8	2	1	5	4
3	5	6	7	2	8	9	4	1
4	1	2	9	3	5	8	7	6
7	8	9	4	6	1	5	3	2
5	7	3	8	1	6	4	2	9
2	9	1	3	4	7	6	8	5
8	6	4	2	5	9	7	1	3

Answer 94

1	6	9	7	5	3	2	4	8
8	3	2	1	4	6	9	7	5
4	7	5	2	8	9	6	3	1
5	8	3	9	6	1	4	2	7
9	4	6	8	2	7	1	5	3
7	2	1	4	3	5	8	9	6
6	5	8	3	9	4	7	1	2
3	9	7	6	1	2	5	8	4
2	1	4	5	7	8	3	6	9

Answer 95

2	8	9	3	6	7	1	4	5
1	3	6	5	9	4	7	2	8
5	7	4	2	1	8	6	3	9
4	9	8	6	2	3	5	7	1
6	5	2	1	7	9	4	8	3
3	1	7	4	8	5	9	6	2
7	6	5	9	3	2	8	1	4
8	4	3	7	5	1	2	9	6
9	2	1	8	4	6	3	5	7

Answer 96

6	5	7	1	2	9	3	4	8
8	2	9	4	7	3	6	5	1
1	3	4	6	5	8	7	9	2
4	8	3	2	9	1	5	7	6
2	9	6	5	4	7	1	8	3
7	1	5	3	8	6	9	2	4
3	7	2	8	6	5	4	1	9
9	6	8	7	1	4	2	3	5
5	4	1	9	3	2	8	6	7

A
N
S
W
E
R

POWER
ANSWER

Answer **97**

2	9	5	1	7	8	3	4	6
7	3	1	4	5	6	2	8	9
8	6	4	2	9	3	5	1	7
5	2	7	8	1	4	9	6	3
1	4	6	7	3	9	8	5	2
3	8	9	6	2	5	1	7	4
9	1	8	3	4	7	6	2	5
4	5	2	9	6	1	7	3	8
6	7	3	5	8	2	4	9	1

Answer **98**

5	8	3	6	1	4	2	7	9
6	4	7	2	5	9	1	8	3
2	1	9	7	3	8	5	6	4
7	2	8	1	9	6	3	4	5
3	9	4	5	2	7	8	1	6
1	5	6	4	8	3	9	2	7
9	6	1	8	4	5	7	3	2
4	3	2	9	7	1	6	5	8
8	7	5	3	6	2	4	9	1

Answer **99**

9	2	3	8	6	5	1	4	7
4	1	6	9	3	7	8	5	2
7	8	5	2	1	4	9	3	6
6	9	1	7	5	2	4	8	3
2	3	7	1	4	8	6	9	5
8	5	4	3	9	6	2	7	1
5	7	2	6	8	9	3	1	4
1	4	9	5	2	3	7	6	8
3	6	8	4	7	1	5	2	9

Answer **100**

2	3	5	6	8	7	9	1	4
7	4	8	9	1	5	3	6	2
6	9	1	2	3	4	8	7	5
9	8	3	7	5	2	1	4	6
1	7	6	4	9	8	2	5	3
4	5	2	1	6	3	7	9	8
3	1	9	5	2	6	4	8	7
8	6	4	3	7	9	5	2	1
5	2	7	8	4	1	6	3	9

Answer **101**

3	5	1	8	2	9	6	7	4
2	7	8	3	6	4	1	5	9
9	4	6	1	5	7	3	2	8
6	1	2	7	4	8	5	9	3
7	9	5	2	1	3	4	8	6
4	8	3	6	9	5	7	1	2
5	3	9	4	8	1	2	6	7
8	6	4	5	7	2	9	3	1
1	2	7	9	3	6	8	4	5

Answer **102**

7	3	5	6	9	4	8	2	1
6	1	9	2	8	7	3	5	4
4	2	8	1	3	5	7	9	6
2	5	7	4	6	3	9	1	8
8	6	1	7	2	9	4	3	5
3	9	4	8	5	1	6	7	2
9	7	2	5	4	8	1	6	3
1	8	6	3	7	2	5	4	9
5	4	3	9	1	6	2	8	7

Answer 103

5	3	1	2	4	9	7	8	6
8	4	7	6	1	3	5	9	2
9	2	6	7	8	5	4	3	1
4	7	3	9	6	2	1	5	8
1	6	5	4	3	8	9	2	7
2	8	9	1	5	7	6	4	3
3	9	8	5	7	6	2	1	4
7	5	4	3	2	1	8	6	9
6	1	2	8	9	4	3	7	5

Answer 104

2	8	7	9	5	4	1	3	6
9	1	6	8	7	3	4	2	5
4	3	5	6	2	1	7	9	8
3	5	9	1	4	6	2	8	7
8	2	1	5	9	7	3	6	4
6	7	4	3	8	2	5	1	9
5	9	3	4	1	8	6	7	2
1	4	2	7	6	9	8	5	3
7	6	8	2	3	5	9	4	1

Answer 105

5	3	1	7	2	6	4	8	9
2	4	9	8	3	5	1	6	7
7	6	8	4	1	9	2	5	3
9	1	4	6	8	3	7	2	5
3	7	6	5	9	2	8	1	4
8	2	5	1	4	7	3	9	6
4	9	2	3	5	1	6	7	8
1	8	7	9	6	4	5	3	2
6	5	3	2	7	8	9	4	1

Answer 106

3	1	4	9	2	7	5	6	8
2	5	6	3	8	4	7	1	9
8	7	9	5	6	1	2	4	3
1	4	3	8	7	5	9	2	6
7	9	5	2	4	6	3	8	1
6	8	2	1	3	9	4	7	5
5	3	7	6	1	2	8	9	4
9	2	1	4	5	8	6	3	7
4	6	8	7	9	3	1	5	2

Answer 107

6	9	4	1	3	7	5	2	8
8	7	5	6	9	2	1	3	4
2	1	3	5	8	4	9	6	7
4	6	9	8	7	3	2	1	5
5	8	7	2	1	9	3	4	6
1	3	2	4	6	5	7	8	9
3	5	8	7	4	1	6	9	2
7	4	1	9	2	6	8	5	3
9	2	6	3	5	8	4	7	1

Answer 108

9	6	3	7	4	8	2	1	5
5	7	1	2	9	3	8	4	6
4	2	8	1	5	6	9	7	3
6	4	5	8	3	1	7	2	9
7	8	9	5	2	4	6	3	1
3	1	2	9	6	7	5	8	4
1	9	6	4	7	2	3	5	8
8	5	7	3	1	9	4	6	2
2	3	4	6	8	5	1	9	7

POWER
ANSWER

POWER SUDOKU

A

Answer 109

3	7	6	4	9	2	1	5	8
1	9	5	7	8	6	4	3	2
8	2	4	1	5	3	9	6	7
9	8	3	6	2	4	7	1	5
4	5	7	3	1	8	6	2	9
2	6	1	5	7	9	3	8	4
7	4	8	2	6	1	5	9	3
6	3	9	8	4	5	2	7	1
5	1	2	9	3	7	8	4	6

Answer 110

2	5	4	1	8	3	9	6	7
8	3	1	7	6	9	2	4	5
9	7	6	5	4	2	3	8	1
4	2	9	3	5	7	6	1	8
1	6	7	4	2	8	5	9	3
5	8	3	6	9	1	4	7	2
7	9	8	2	3	4	1	5	6
6	4	2	8	1	5	7	3	9
3	1	5	9	7	6	8	2	4

Answer 111

9	3	7	1	6	2	4	8	5
5	2	1	4	8	9	3	7	6
6	4	8	3	5	7	9	1	2
2	9	6	7	4	5	1	3	8
4	7	3	8	1	6	5	2	9
8	1	5	2	9	3	7	6	4
3	8	4	9	2	1	6	5	7
1	5	2	6	7	4	8	9	3
7	6	9	5	3	8	2	4	1

Answer 112

4	2	9	1	5	8	7	3	6
3	5	1	6	7	9	2	8	4
7	8	6	3	4	2	9	5	1
8	9	4	2	1	7	3	6	5
1	3	2	8	6	5	4	9	7
6	7	5	4	9	3	1	2	8
9	4	8	5	2	1	6	7	3
5	1	7	9	3	6	8	4	2
2	6	3	7	8	4	5	1	9

Answer 113

8	2	3	7	9	1	5	4	6
5	9	7	2	6	4	1	8	3
4	6	1	8	3	5	2	9	7
6	3	8	5	4	2	9	7	1
7	5	9	3	1	6	8	2	4
1	4	2	9	8	7	3	6	5
3	8	5	6	7	9	4	1	2
9	7	4	1	2	3	6	5	8
2	1	6	4	5	8	7	3	9

Answer 114

7	8	9	1	6	2	5	4	3
6	5	4	3	9	8	2	7	1
3	1	2	4	5	7	6	9	8
5	9	3	8	7	4	1	6	2
1	7	6	5	2	3	4	8	9
2	4	8	6	1	9	3	5	7
8	2	5	9	4	1	7	3	6
9	6	7	2	3	5	8	1	4
4	3	1	7	8	6	9	2	5

Answer 115

3	4	5	1	6	9	8	2	7
6	2	7	8	5	3	4	9	1
9	8	1	7	2	4	6	5	3
4	1	6	3	8	2	5	7	9
7	9	3	5	1	6	2	4	8
2	5	8	9	4	7	3	1	6
1	6	2	4	7	8	9	3	5
5	3	4	6	9	1	7	8	2
8	7	9	2	3	5	1	6	4

Answer 116

2	9	3	6	8	7	5	4	1
6	1	7	3	4	5	8	2	9
4	8	5	1	9	2	3	7	6
1	4	2	7	6	3	9	8	5
5	3	9	4	1	8	2	6	7
8	7	6	2	5	9	4	1	3
9	2	4	5	7	6	1	3	8
3	6	8	9	2	1	7	5	4
7	5	1	8	3	4	6	9	2

Answer 117

7	8	5	1	6	2	3	9	4
6	1	3	9	5	4	8	7	2
2	9	4	7	3	8	6	1	5
8	5	9	2	7	3	4	6	1
4	3	7	6	1	9	2	5	8
1	6	2	8	4	5	7	3	9
5	7	1	4	2	6	9	8	3
9	4	6	3	8	1	5	2	7
3	2	8	5	9	7	1	4	6

Answer 118

6	8	5	7	1	4	9	3	2
4	7	3	9	8	2	5	6	1
1	2	9	6	3	5	4	8	7
5	3	7	2	6	9	1	4	8
8	9	4	3	5	1	2	7	6
2	6	1	4	7	8	3	5	9
7	4	2	8	9	3	6	1	5
3	1	8	5	2	6	7	9	4
9	5	6	1	4	7	8	2	3

Answer 119

2	5	8	7	9	3	6	4	1
7	4	3	1	6	2	9	8	5
9	6	1	5	8	4	7	2	3
6	2	5	3	4	8	1	9	7
8	9	7	6	1	5	2	3	4
1	3	4	9	2	7	5	6	8
4	8	6	2	7	1	3	5	9
5	7	9	8	3	6	4	1	2
3	1	2	4	5	9	8	7	6

Answer 120

5	7	8	3	6	4	1	2	9
6	1	2	7	8	9	5	4	3
4	3	9	2	5	1	7	6	8
1	5	4	9	7	6	8	3	2
7	2	6	8	1	3	4	9	5
9	8	3	5	4	2	6	7	1
3	6	1	4	2	5	9	8	7
8	9	5	6	3	7	2	1	4
2	4	7	1	9	8	3	5	6

A
N
S
W
E
R

POWER
ANSWER

Answer **121**

1	5	9	8	6	2	3	7	4
8	2	7	4	5	3	6	1	9
3	4	6	1	7	9	5	2	8
7	6	2	5	9	4	1	8	3
4	9	3	6	1	8	2	5	7
5	8	1	2	3	7	4	9	6
9	1	5	7	4	6	8	3	2
6	3	8	9	2	5	7	4	1
2	7	4	3	8	1	9	6	5

Answer **122**

3	9	8	1	5	2	7	4	6
7	5	1	4	6	8	9	3	2
6	2	4	3	9	7	5	1	8
1	3	9	6	2	5	4	8	7
4	7	5	8	1	9	6	2	3
2	8	6	7	3	4	1	9	5
8	4	2	9	7	6	3	5	1
5	6	3	2	4	1	8	7	9
9	1	7	5	8	3	2	6	4

Answer **123**

9	2	3	6	7	5	8	1	4
6	7	1	9	8	4	5	2	3
4	8	5	3	2	1	9	7	6
1	3	4	5	6	9	7	8	2
5	6	2	8	1	7	4	3	9
8	9	7	2	4	3	6	5	1
2	5	6	4	3	8	1	9	7
3	1	8	7	9	6	2	4	5
7	4	9	1	5	2	3	6	8

Answer **124**

3	8	4	7	9	6	1	5	2
2	7	6	8	5	1	4	3	9
5	9	1	2	3	4	8	7	6
9	3	5	6	4	8	7	2	1
7	6	2	3	1	9	5	8	4
1	4	8	5	7	2	9	6	3
8	1	3	9	2	7	6	4	5
6	2	9	4	8	5	3	1	7
4	5	7	1	6	3	2	9	8

Answer **125**

4	2	7	5	1	3	9	6	8
9	6	1	7	2	8	4	3	5
3	5	8	6	9	4	2	7	1
7	3	2	1	5	6	8	9	4
6	4	9	8	3	2	1	5	7
8	1	5	4	7	9	6	2	3
2	9	4	3	8	7	5	1	6
1	8	3	2	6	5	7	4	9
5	7	6	9	4	1	3	8	2

Answer **126**

5	7	6	1	4	2	3	9	8
9	4	2	5	8	3	7	6	1
1	3	8	6	9	7	4	5	2
3	6	1	4	7	8	5	2	9
4	5	9	2	1	6	8	3	7
2	8	7	3	5	9	1	4	6
6	1	3	8	2	5	9	7	4
7	2	4	9	3	1	6	8	5
8	9	5	7	6	4	2	1	3

A

POWER SUDOKU

Answer 127

5	6	3	8	7	1	2	9	4
1	4	8	2	6	9	5	3	7
7	2	9	4	3	5	1	6	8
8	1	5	9	2	4	3	7	6
2	7	4	6	1	3	9	8	5
9	3	6	5	8	7	4	1	2
4	9	7	1	5	8	6	2	3
3	5	2	7	9	6	8	4	1
6	8	1	3	4	2	7	5	9

Answer 128

4	5	7	1	6	8	2	3	9
2	6	1	5	9	3	4	8	7
9	8	3	7	4	2	1	6	5
3	9	6	4	2	7	5	1	8
7	4	8	9	1	5	3	2	6
1	2	5	8	3	6	7	9	4
8	3	2	6	5	4	9	7	1
6	1	4	3	7	9	8	5	2
5	7	9	2	8	1	6	4	3

Answer 129

8	6	9	3	5	7	2	4	1
4	1	3	8	9	2	5	7	6
7	2	5	1	6	4	9	8	3
3	4	2	5	7	8	6	1	9
5	8	1	6	3	9	7	2	4
9	7	6	2	4	1	8	3	5
2	5	8	4	1	6	3	9	7
1	3	7	9	2	5	4	6	8
6	9	4	7	8	3	1	5	2

Answer 130

6	2	4	7	3	9	8	1	5
7	9	8	2	5	1	3	4	6
1	5	3	8	6	4	2	7	9
3	7	9	4	2	6	5	8	1
5	4	1	3	8	7	6	9	2
8	6	2	9	1	5	7	3	4
2	1	7	6	9	3	4	5	8
4	8	5	1	7	2	9	6	3
9	3	6	5	4	8	1	2	7

Answer 131

5	9	4	8	7	3	1	2	6
1	7	2	9	6	5	4	3	8
8	6	3	1	4	2	7	9	5
6	4	8	7	9	1	3	5	2
2	1	9	3	5	8	6	4	7
3	5	7	6	2	4	9	8	1
7	2	5	4	1	9	8	6	3
9	8	6	5	3	7	2	1	4
4	3	1	2	8	6	5	7	9

Answer 132

2	7	1	8	5	4	9	6	3
6	5	4	1	9	3	7	2	8
8	3	9	2	6	7	1	5	4
4	9	5	7	8	2	6	3	1
3	8	2	6	4	1	5	9	7
1	6	7	5	3	9	8	4	2
7	1	6	4	2	5	3	8	9
5	4	3	9	7	8	2	1	6
9	2	8	3	1	6	4	7	5

A
N
S
W
E
R

POWER
ANSWER

Answer **133**

9	6	8	2	3	4	7	5	1
7	2	1	8	5	9	4	3	6
3	5	4	6	1	7	9	2	8
6	9	7	3	2	1	5	8	4
4	8	5	7	9	6	2	1	3
1	3	2	5	4	8	6	7	9
2	7	6	9	8	3	1	4	5
5	4	3	1	6	2	8	9	7
8	1	9	4	7	5	3	6	2

Answer **134**

1	5	2	6	9	7	4	3	8
6	9	4	2	8	3	5	1	7
3	7	8	5	1	4	9	2	6
8	6	7	4	5	2	1	9	3
9	2	5	8	3	1	6	7	4
4	3	1	7	6	9	2	8	5
5	4	9	3	2	8	7	6	1
7	1	3	9	4	6	8	5	2
2	8	6	1	7	5	3	4	9

Answer **135**

9	3	6	5	4	1	8	7	2
4	8	5	6	2	7	9	1	3
7	1	2	8	3	9	5	6	4
3	4	9	7	1	6	2	8	5
6	2	1	4	8	5	7	3	9
5	7	8	3	9	2	1	4	6
8	5	3	2	7	4	6	9	1
2	9	4	1	6	8	3	5	7
1	6	7	9	5	3	4	2	8

Answer **136**

6	4	2	7	9	3	8	5	1
7	9	3	1	5	8	4	2	6
8	1	5	2	4	6	9	7	3
9	7	8	3	6	5	1	4	2
3	5	4	9	2	1	7	6	8
1	2	6	8	7	4	5	3	9
5	8	7	6	3	9	2	1	4
2	6	1	4	8	7	3	9	5
4	3	9	5	1	2	6	8	7

Answer **137**

3	7	5	8	9	6	2	4	1
2	6	8	4	1	7	3	9	5
9	1	4	2	3	5	8	7	6
7	9	1	6	8	2	5	3	4
6	5	2	3	4	1	9	8	7
4	8	3	7	5	9	6	1	2
5	4	6	9	7	8	1	2	3
8	2	7	1	6	3	4	5	9
1	3	9	5	2	4	7	6	8

Answer **138**

1	5	8	9	4	2	6	7	3
6	4	2	1	3	7	9	8	5
9	3	7	5	6	8	4	1	2
2	9	3	8	7	1	5	4	6
4	8	1	6	9	5	2	3	7
5	7	6	3	2	4	8	9	1
3	1	5	2	8	9	7	6	4
7	6	9	4	5	3	1	2	8
8	2	4	7	1	6	3	5	9

Answer **139**

5	3	9	7	1	8	2	6	4
8	7	2	4	3	6	1	5	9
1	4	6	2	9	5	3	8	7
4	9	5	1	8	2	7	3	6
7	6	1	9	5	3	8	4	2
2	8	3	6	7	4	9	1	5
6	1	7	3	4	9	5	2	8
3	5	4	8	2	7	6	9	1
9	2	8	5	6	1	4	7	3

Answer **140**

9	2	7	8	3	6	4	1	5
1	3	8	7	5	4	9	2	6
4	6	5	9	1	2	3	7	8
3	8	4	1	6	7	2	5	9
7	5	1	2	4	9	6	8	3
2	9	6	3	8	5	7	4	1
5	4	2	6	9	1	8	3	7
6	7	3	5	2	8	1	9	4
8	1	9	4	7	3	5	6	2

Answer **141**

1	4	8	3	9	2	5	7	6
2	3	5	4	7	6	1	9	8
7	6	9	5	1	8	4	2	3
9	5	2	6	4	3	7	8	1
3	8	4	1	5	7	2	6	9
6	1	7	2	8	9	3	4	5
4	2	3	9	6	5	8	1	7
5	7	6	8	2	1	9	3	4
8	9	1	7	3	4	6	5	2

Answer **142**

4	8	6	5	1	3	2	7	9
7	9	1	2	8	6	5	4	3
3	5	2	4	7	9	8	1	6
6	4	5	8	3	7	1	9	2
2	1	8	9	6	4	3	5	7
9	3	7	1	5	2	6	8	4
1	2	3	7	4	5	9	6	8
5	7	9	6	2	8	4	3	1
8	6	4	3	9	1	7	2	5

Answer **143**

8	4	6	2	9	5	3	1	7
2	7	5	4	3	1	8	6	9
1	3	9	8	7	6	5	2	4
5	9	4	6	8	2	7	3	1
7	8	2	9	1	3	4	5	6
6	1	3	5	4	7	9	8	2
9	5	8	1	2	4	6	7	3
4	2	7	3	6	8	1	9	5
3	6	1	7	5	9	2	4	8

Answer **144**

3	8	2	9	5	1	7	4	6
9	1	6	7	2	4	8	3	5
5	4	7	6	3	8	9	1	2
7	2	8	4	1	3	6	5	9
6	5	3	8	7	9	4	2	1
4	9	1	2	6	5	3	7	8
8	3	9	1	4	2	5	6	7
1	7	5	3	9	6	2	8	4
2	6	4	5	8	7	1	9	3

POWER
ANSWER

Answer **145**

6	4	1	9	2	8	7	3	5
9	8	5	7	1	3	2	4	6
2	7	3	5	6	4	1	9	8
5	3	4	1	7	9	8	6	2
8	2	7	3	4	6	5	1	9
1	6	9	2	8	5	4	7	3
7	9	8	4	3	2	6	5	1
3	1	6	8	5	7	9	2	4
4	5	2	6	9	1	3	8	7

Answer **146**

2	3	5	6	1	4	7	9	8
6	9	4	7	5	8	2	1	3
1	7	8	2	3	9	5	6	4
4	8	2	1	7	6	3	5	9
7	1	3	4	9	5	8	2	6
5	6	9	8	2	3	4	7	1
8	2	7	3	6	1	9	4	5
3	5	6	9	4	2	1	8	7
9	4	1	5	8	7	6	3	2

Answer **147**

1	7	4	5	9	8	6	3	2
3	9	5	2	7	6	1	8	4
2	6	8	4	1	3	9	5	7
7	4	2	1	6	5	8	9	3
8	1	6	7	3	9	4	2	5
9	5	3	8	2	4	7	1	6
4	3	9	6	5	1	2	7	8
5	8	7	9	4	2	3	6	1
6	2	1	3	8	7	5	4	9

Answer **148**

4	5	8	3	1	9	7	2	6
7	2	3	5	4	6	9	8	1
6	9	1	2	7	8	5	3	4
8	4	5	9	6	7	3	1	2
9	1	2	4	5	3	6	7	8
3	7	6	8	2	1	4	9	5
2	3	9	6	8	4	1	5	7
5	6	7	1	3	2	8	4	9
1	8	4	7	9	5	2	6	3

Answer **149**

7	8	9	2	5	6	3	1	4
5	6	3	1	4	7	8	2	9
2	1	4	8	9	3	7	6	5
1	9	5	4	7	8	2	3	6
4	7	6	9	3	2	1	5	8
3	2	8	5	6	1	9	4	7
8	3	7	6	1	5	4	9	2
9	5	1	7	2	4	6	8	3
6	4	2	3	8	9	5	7	1

Answer **150**

4	6	3	8	5	9	2	7	1
1	5	2	4	6	7	8	9	3
8	7	9	3	2	1	4	5	6
6	8	7	5	1	3	9	4	2
2	3	4	7	9	6	5	1	8
9	1	5	2	4	8	3	6	7
5	4	8	1	7	2	6	3	9
7	2	6	9	3	5	1	8	4
3	9	1	6	8	4	7	2	5

A

POWER SUDOKU